Wohlbekomm's!

Ute Rott

Wohlbekomm's!

Dein Hund ist, was er frisst!

PhiloCanis Verlag

Bibliografische Information der Deutschen Nationalbibliothek:
Die Deutsche Nationalbibliothek verzeichnet diese Publikation in der Deutschen Nationalbibliografie; detaillierte bibliografische Daten sind im Internet über http://dnb.dnb.de abrufbar.

PhiloCanis Verlag
Metzelthin 22
17268 Templin
mail: ute.rott@yahoo.com
www.forsthaus-metzelthin.de

Satz & Layout: Franz Sonnenstatter, Hausham

Herstellung:
BoD – Books on Demand, Norderstedt

ISBN: 978-3-9818307-0-5

Inhalt

Einleitung

Seit Beginn der 2000er Jahre befasse ich mich mit Ernährung von Hunden. Damals konnte ich noch nicht ahnen, welchen Raum dieses Thema in meiner Arbeit als Hundetrainerin einnehmen würde. Unsere Hunde wurden bis dahin mit einer Mischung aus gekochtem Fleisch, Nudeln, Reis oder Kartoffeln und Gemüse gefüttert. Zur Abwechslung oder auf Reisen gab es Dosenfutter. Ab und an gab es einen Knochen, mal ein Würstchen, einen Hundekuchen oder einen Kauknochen. Die Hunde waren mehr oder weniger gesund, wenn sie mal pubsten, unangenehm rochen oder Dreck in den Augen oder Ohren hatten, dann war das eben so. Heute weiß ich, dass durch eine andere Ernährung, nämlich durch Rohfütterung vieles zu vermeiden und zu verhindern gewesen wäre.

Mit unseren Kromfohrländern Fritzi und Loni stellten wir die Ernährung auf Rohfütterung um, da es uns logisch und vernünftig erschien und wir sehr schnell feststellen konnten, dass es den Hunden besser schmeckte und ihnen auch besser bekam. Allerdings war ich von dem, wie es heute läuft, weit weg. Es war ein langer Weg von der ersten Fütterung mit rohem Fleisch bis zur Erstellung eines Futterplanes. Wie alle Anfänger war ich nicht so sicher, ob das, was ich da gerade machte, auch wirklich gut war. Immer hatte ich Angst, dass meine Hunde von irgendetwas zu wenig oder zu viel bekämen, dass ich ja keine Expertin in Hundefütterung sei, dass die Tierärzte doch alles besser wissen müssten, schließlich haben sie es ja studiert.

Indiana liebt Blättermagen

Im Laufe der Zeit, als ich immer mehr Informationen über die Zustände und Skandale in der Futtermittelindustrie bekam, und parallel dazu ganz deutlich sah, wie meine Hunde und die Hunde von Kollegen, Freunden und Kunden durch Rohfütterung sich nur positiv veränderten, wurde ich immer sicherer. Auf zahlreichen Seminaren und Fortbildungen, in Büchern, Zeitschriften und Internetforen, in Gesprächen mit Hundehaltern, Kollegen, Tierheilpraktikern und Tierärzten habe ich Informationen gesammelt, die in meine Ernährungsberatung einfließen. Einiges, was vor Jahren noch als sicher galt, stimmt heute vielleicht nur noch bedingt, einiges habe ich vollkommen aussortiert, aber die Kernaussage gilt immer noch: für alle Lebewesen auf dieser Erde ist frische und naturbelassene Nahrung am besten.

Viele Weg führen nach Rom, manche sind bequemer, manche dauern länger, manche sind mühsam und einige sollte man meiden. Wer behauptet, dass Industriefutter für Hunde gut ist, weiß einfach nicht, wovon er spricht. Genauso gut könnte man sagen, der Verzehr eines BigMäcs mit einer Scheibe Tomate und einem welken Salatblatt drauf wäre ausreichend für ausgewogene Ernährung. Denn nur die Tatsache allein, dass man sein Essen überlebt, bedeutet noch lange nicht, dass es gesund ist und dass man das Richtige isst

Natürlich sind nicht alle gesundheitlichen Probleme, die Hunde haben, ausschließlich ernährungsbedingt. Durch Inzucht entstehen massive Stoffwechselstörungen, schlechte Haltung und grober Umgang stressen die Hunde und wirken sich negativ auf das Immunsystem aus. Das kann nicht alles durch richtige Fütterung aufgefangen werden. Aber einiges kann man den Hunden durchaus erleichtern.

Dass heute Ernährung in meiner Hundeschule eine so wichtige Rolle spielt, ist vor allem der Tatsache zu danken, dass sich die Art der Ernährung nachhaltig auf das Verhalten der Hunde auswirkt. Verschiedene Autoren wie Dr. Vera Biber oder James O'Heare haben das auf vielfältige Weise untersucht und bewiesen. Leider wird nach wie vor die große Mehrheit der Hunde mit vollkommen ungeeignetem, krank machendem Industriefutter ernährt, da die Werbung, der sog. Fachhandel und viele Tierärzte uns weismachen wollen, dass „da alles drin ist", was der Hund braucht. Aber nicht nur bei Hundehaltern, auch bei Tierärzten hat ein Umdenken stattgefunden. Und das macht sich allmählich bemerkbar. Viele Futtermittelhersteller haben festgestellt, dass sich mit Frisch- oder Frostfleisch und vernünftigen Zusätzen ebenfalls gutes Geld verdienen lässt. In vielen Regionen gibt es heute Barfläden, in denen man sich mit frischem Fleisch und guten Zusätzen versorgen kann. Ich bin sehr dafür, dass Menschen mit guten Produkten, die uns und den Hunden nützen, Geld verdienen. Deshalb ist das eine begrüßenswerte Entwicklung.

Leider muss gesagt werden, dass das Thema Ernährung in der Diskussion zwischen „Spezialisten" oft in einen Glaubenskrieg ausartet, denn jeder meint im Eifer des Gefechtes, dass er – oder sie – der einzige ist, der alles über dieses Thema weiß. Wenn ich an meinen eigenen Weg denke, den ich seit vielen Jahren gehe und der noch lange nicht am Ende ist, dann möchte ich ernsthaft anzweifeln, ob man jemals aufhören kann über Ernährung zu lernen, egal mit wem man sich auseinandersetzt. Sicher gibt es Punkte, über die weiß man irgendwann Bescheid. Aber gerade in der Diskussion mit „Anfängern" ist es wichtig, vernünftig zu bleiben, Einwände zu beachten und darauf einzugehen. Denn auch wenn wir uns mit anderen in vielen Punkten nicht einig sind, sollten wir immer in Betracht ziehen, dass jeder gute Ideen haben kann und wir von allen lernen können. Widerspruch, andere Meinungen und Erfahrungen können uns nur auf unserem Weg weiterbringen.

Was wartet im folgenden auf Sie?

Sie werden lernen, dass die gesunde Ernährung Ihres Hundes kein Geheimnis ist, das nur von wenigen Erleuchteten gelüftet werden kann. Sie müssen keine speziellen und schwer zu merkenden Fremdwörter lernen oder anatomische Zusammenhänge durchschauen, die selbst für Fachleute schwer zu verstehen sind. Warum Industriefutter für Hunde ungesund ist, kann man sehr leicht nachvollziehen, wenn man die richtigen Fragen stellt. Alle notwendigen Informationen, die man benötigt, lassen sich einfach und leicht verständlich erklären, so dass man ohne Angst einfach mal anfangen kann, die Ernährung umzustellen. Dazu muss ich in einigen Bereichen etwas weiter ausholen. Dann bringe ich Beispiele von meinen Hunden und Hunden aus meiner Hundeschule, um das Geschriebene zu untermauern. Dann gebe ich Ihnen Argumentationshilfe an die Hand, denn eines kann ich Ihnen versichern: auch wenn jemand noch nie einen Hund gehabt hat, über Ernährung und Erziehung eines Hunde wissen unglaublich viele Leute, die gerade mal hin und wieder einen Hund sehen, Bescheid.

Und schließlich erläutere ich einfach und nachvollziehbar, wie Sie Ihren Hund auf Rohfütterung umstellen, seinen Körper entschlacken und entgiften und ihn dauerhaft gesund und abwechslungsreich ernähren können. Ja, das ist aufwendiger als irgendwelche zweifelhaften Pelletts in den Napf zu schütten oder eine übel riechende Dose zu öffnen. Aber es lohnt sich.

Wer das alles nicht ganz glaubt und mehr an Information braucht, sollte sich das Recht von niemandem nehmen lassen, erstmal alles anzuzweifeln und sich außerdem alles an Informationen zu holen, was man über Internet, die Medien, Bücher und Vorträge bekommen kann. Stellen Sie viele Fragen, sagen Sie „ja, aber...", wenn Ihnen etwas nicht einleuchtet. Nur wenn der Gefragte schlüssig und nachvollziehbar antworten kann, können Sie ihm auch vertrauen. Und seien Sie sicher, jeder hat irgendwo Wissenslücken. Aber ich kann Ihnen versichern, nach der Lektüre dieses Buches sind Sie in der Lage, Ihren Hund gesund und ausgewogen zu ernähren.

Wer frisst was?

Wenn wir uns die Aufteilung von „wer frisst was" ähnlich wie einen Zahlenstrahl vorstellen, dann sieht das ungefähr so aus:

Vegetarier		Allesfresser	Beutetierfresser
Pferd	Mensch	Schwein	Hund
Katzen			
Kuh			
Schaf			
.....			

Die wissenschaftliche Bezeichnung für
Vegetarier ist „Herbivor = Pflanzenfresser"
Allesfresser = „Omnivor"
Beutetierfresser „Carnivor = Fleischfresser".

Diese Bezeichnungen sind gebräuchlich aber leider etwas ungenau. Denn auch Pflanzenfresser nehmen tierisches Eiweiß in Form von Kleinstlebewesen mit der Nahrung auf, so wie Beutetierfresser mit ihrer Beute pflanzliche Bestandteile fressen und außerdem nicht nur das Fleisch der Beute, sondern häufig alles fressen: keine Katze häutet eine Maus und kein Fuchs filetiert ein Kaninchen, ebenso rupfen Wölfe sicher keinen Wildvogel, den sie im Nest überraschen. Je kleiner das Beutetier ist, um so größer ist die Wahrscheinlichkeit, dass es einfach im ganzen gefressen wird mit Haut, Haaren, Federn und Klauen und allem was so drin ist.

Reine Vegetarier sind alle Tiere, die in der Landschaft rumstehen und sich von Gras, Blättern, Zweigen und ähnlichem ernähren. Man erkennt sie an der Art des Gebisses, da sie sehr kräftig angelegte Mahlzähne haben. Ihre Schneidezähne sind dazu da, die Nahrung vom Boden, Busch oder Baum abzubeißen, teilweise wird zum Abreißen auch die Zunge verwendet. Danach wird alles gründlich durchgekaut und im Maul beginnt bereits eine Vorverdauung, da der Speichel Verdauungsenzyme enthält. Manche Tiere wie Rinder müssen ihre Nahrung nach dem Abschlucken und dem ersten Verdauungsvorgang wieder ins Maul hochholen und noch einmal durchkauen, bei anderen reicht die Verdauung durch den Magen-Darmtrakt. Vegetarier haben einen sehr langen Darm und / oder wie Rinder mehrere Mägen, in denen die pflanzliche Nahrung aufbereitet wird, so dass die Verdauung im Darm effektiv abläuft und alle Bestandteile in den Körper gelangen, die er braucht. Pflanzliche Nahrung ist relativ schwer verdaulich und muss deshalb durch Kauen und eine gründliche Verdauung gut aufbereitet werden.

Allesfresser können tierische und pflanzliche Nahrung verwerten. Sie haben häufig sowohl Fangzähne als auch Mahlzähne. Die Fangzähne benötigen sie, um flüchtige Beutetiere halten zu können. Auch sind die Schneidezähne bei ihnen in der Regel schärfer. Im Maul findet ebenfalls schon eine Vorverdauung statt, allerdings ist ihr Darm im Verhältnis kürzer als bei Vegetariern, da tierische Nahrung leichter aufgespalten werden kann.

Beutetierfresser zeichnen sich dadurch aus, dass sie sehr scharfe Schneide- und Fangzähne und so gut wie keine Mahlzähne, dafür aber Reißzähne haben, die wie eine Brechschere zum Zerkleinern der Beute wirken. Sie zerkleinern die Nahrung im Maul, es findet keine Vorverdauung statt, und die Nahrung wird sofort abgeschluckt. Der Speichel ist nur dazu da, die Nahrung gleitfähig zu machen. Ihr Darm ist in der Relation kürzer als bei Allesfressern. Ein wichtiger Unterschied zu Pflanzen- und Allesfressern ist, dass sie eine große Menge an Futter bei einer Mahlzeit fressen können und dann längere Zeit nichts mehr brauchen. Pflanzenfresser verbringen sehr viel Zeit mit Fressen und verhältnismäßig kurze Zeit mit Ruhen, bei Beutetierfressern ist es umgekehrt.

Menschen und Hunde nehmen eine Zwischenstellung zwischen Vegetarier und Allesfresser, bzw. zwischen Allesfresser und Beutetierfresser ein. Auch wir besitzen Überreste von Fangzähnen, wir können tierisches Eiweiß verdauen, wenn wir es gründlich vorbereiten, und wir können ebenso pflanzliche Nahrung verwerten. In unserem Mund findet bereits eine Vorverdauung statt und unser Darm ist relativ lang. Menschen stehen näher beim Vegetarier als beim Allesfresser. Daraus erklärt sich auch, dass sie mehrmals täglich essen müssen.

Hunde sind ebenfalls in der Lage ihre Nahrung mit den Mahlzähnen durchzukauen, dies tun sie allerdings nur kurz, so dass sie gleitfähig wird und in vernünftigen Bocken abgeschluckt werden kann. In ihrem Maul findet keine Vorverdauung statt und ihr Darm ist relativ kurz. Wildlebende Caniden nehmen zusätzlich zu ihren Beutetieren sehr reife Beeren und

Wildfrüchte, sowie Gräser in geringen Mengen zu sich. Was sie sonst an pflanzlicher Nahrung benötigen, erhalten sie über ihre Beute. Wenn Caniden sich alle paar Tage richtig vollfressen, reicht ihnen das in der Regel aus. Im Unterschied zu uns sind unsere Hunde mit ein bis zwei Mahlzeiten am Tag durchaus zufrieden.

Alles, was auf dieser Welt herumläuft oder als Pflanze stationär lebt, ist Nahrung. Wir kennen den Begriff: Nahrungskette, an deren Ende – angeblich – der Mensch steht. Tatsächlich handelt es sich nicht um eine Kette, sondern um einen Kreislauf, in den alles integriert ist. Und deshalb sind die Bestandteile, aus denen alles gemacht ist, auch gleichzeitig die Bestandteile der Nahrung:

Wasser
Fett
Eiweiß
Kohlehydrate Vitamine
Mineralstoffe / Spurenelemente / Fermente / Enzyme = Vitalstoffe.

Um gesund zu bleiben, und das gilt für alle Lebewesen, benötigt man diese Bestandteile in der Zusammensetzung, die für den jeweiligen Organismus die richtige ist. Wir kennen tierische und pflanzliche Fette, tierische und pflanzliche Eiweiße, wir wissen, dass bestimmte Vitamine, Mineralstoffe und Spurenelemente nur in bestimmten Lebensmitteln vorhanden sind und deshalb sollte man nicht tagtäglich das gleiche essen, sondern abwechslungsreiche und frische Nahrung zu sich nehmen. Da die Anforderungen an den Organismus zu allen Jahreszeiten andere sind, ist es auch am besten, wenn man die Lebensmittel, die in der Region zur jeweiligen Jahreszeit produziert werden, frisch zu sich nimmt. Das gilt nicht nur für Menschen, sondern auch für Hunde und vermutlich auch für Wale, Seeadler und Amöben.

Wasser spielt für uns alle eine besondere Rolle, weil kein Lebewesen alle Flüssigkeit über seine Nahrung aufnehmen kann. Deshalb müssen alle Lebewesen trinken, also Wasser zusätzlich aufnehmen, da alle zu ca. 70 % aus Wasser bestehen und Flüssigkeitsmangel tödlich ist. Ohne Wasser ist kein Leben möglich, erst durch das Wasser werden die Prozesse, die zum Erhalt des Organismus notwendig sind, in Gang gesetzt und in Gang gehalten. Ohne Nahrung können wir relativ lange überleben, ohne Wasser nur wenige Tage.

Bei Fetten und Eiweißen wird unterschieden in „essentiell" und „nicht essentiell". Das bedeutet, dass „essentielle" Eiweiße oder Fette lebensnotwendig sind, da sie der Organismus nicht selber produzieren kann. „Nicht essentielle" Fette oder Eiweiße kann der Organismus entweder selber produzieren oder er benötigt sie nicht. Fett ist notwendig für Langzeitenergie, also für Reserven, die jeder Körper für „schlechte" Zeiten anlegt. Zudem werden im Fett lebensnotwendige Stoffe wie Hormone abgelagert. Wie man heute weiß, entsteht z.B. Osteoporose u.a. durch Unterernährung, bzw. zu wenig Körperfett, da dann zu wenig Östrogen gespeichert werden kann. Eiweiß ist notwendig für den Muskelaufbau. Deshalb benötigen auch Vegetarier eine gewisse Menge tierisches Eiweiß oder sie müssen als Veganer dieses sehr aufwendig durch pflanzliches ersetzen.

Kohlehydrate sind in allen stärkehaltigen Lebensmitteln enthalten, also in Kartoffeln, Bohnen, Linsen, Erbsen und Getreide, aber auch in Obst in Form von Zucker und in Honig. Man benötigt sie zur Gewinnung von Schnellenergie.

Vitamine, Mineralstoffe, Spurenelemente, Fermente und Enzyme werden benötigt, um lebensnotwendige Vorgänge im Körper in Gang zu setzen und in Gang zu halten. Das können Reaktionen im Gehirn, bei der Verdauung, bei der Informationsübermittlung an die Nerven, beim Aufbau von Muskeln, Knochen und Gelenken, bei Aktivitäten der Sinnesorgane und vieles mehr sein. Sie werden in relativ geringem Maß benötigt, aber ohne sie geht gar nichts.

Wenn wir uns jetzt damit befassen, wer was frisst, oder besser gesagt, was unsere Hunde tatsächlich fressen sollten, müssen wir uns zuerst darüber klar werden, welche wildlebenden Tiere welche Nahrung aufnehmen. Uns ist klar, dass Beutegreifer wie Wölfe und Kojoten, also nahe Verwandte unserer Hunde, zwar auch Mäuse ausgraben oder Vogelnester leeren, aber wenn irgend möglich werden sie versuchen, große Pflanzenfresser wie Rinder, Hirsche oder Rehe zu erbeuten. Diese Beute besteht zum größten Teil aus Fleisch, Fett, Knochen, Blut, Sehnen, Haut, Fell und einem gewissen Bestandteil Speisebrei aus Pflanzen, der sich im Magen-Darmtrakt des Tieres befindet. Im Verhältnis zum Rest ist der Anteil des Speisebreis eher gering. Bei wildlebenden Caniden hat man beobachtet, dass sie den Magen-Darm-Trakt eher nicht fressen. Man führt das darauf zurück, dass sie optimal versorgt sind und nicht wie unsere Haushunde die Verdauungsfermente und -enzyme daraus benötigen.

Und jetzt sollten wir uns mal überlegen, welche Tiere kohlehydratreiche Nahrung benötigen. Welche Tiere fressen Körner oder Samen? Mäuse, Hamster, Ratten und Vögel, bzw. Kleinnager und kleine Vögel. Das ist auch vollkommen logisch. Im Verhältnis zur Körperoberfläche haben diese Tiere ein geringes Körpergewicht, also kann aus dem Körperinneren sehr leicht Wärme entweichen, das ist besonders zur kalten Jahreszeit ein Problem. Für diese Zeit legen manche Körnerfresser auch Vorräte an, z.B. Eichelhäher und Eichhörnchen, andere fressen sich Fettreserven an wie Siebenschläfer und Hamster, wieder andere sind darauf angewiesen, dass in ihrer Umgebung genügend Samen an Pflanzen hängen, die sie dann fressen können. Kohlehydrathaltige Nahrung sorgt für Schnellenergie, man kann also, wenn man Stärke zu sich nimmt, sehr schnell verlorene Energie ersetzen und der Körper muss diese nicht aufwendig aus körpereigenem Fett gewinnen und die Reserven aufbrauchen. Fett zum Erhalt oder Ausbau der körpereigenen Energiereserven benötigen diese Kleintiere auch, deshalb hängen wir ja Meisenknödel oder andere fetthaltige Nahrung ans Vogelhaus.

Wenn aber im Frühjahr die Brutzeit losgeht, sollte man sein Vogelhaus zumindest nicht mehr befüllen oder am besten gleich ganz wegräumen. Denn die junge Brut benötigt tierisches Eiweiß: Würmer, Maden, Insekten, Larven. Warum? Weil hier ein Organismus aufgebaut wird, weil Muskeln, Sehnen und Knochen entstehen und der sehr zarte Verdauungstrakt die schwer zu verdauende Stärke nicht verarbeiten kann.

Zudem sind Menschen in der Lage, Stärke im Mund nur aufzuspalten, die eigentliche Verdauung der Kohlehydrate findet erst im Magen statt. Bei Hunden erfolgt auch die Aufspaltung erst im Magen, also deutlich später als bei uns. Pflanzenfresser haben ein sehr viel komplizierteres Verdauungssystem, bei dem so schwer verdauliche Anteile wie Kohlehydrate mehrfach, z.B. in den vier Mägen der Rindern verdaut, wiedergekäut, bearbeitet und dadurch komplett verwertet werden können.

Hunde sind aber definitiv keine Mäuse oder Rotkehlchen, sondern sie sind die domestizierten Verwandten von Wölfen und Kojoten. Und selbst wenn sie im Laufe der Jahrtausende die Fähigkeit erworben haben, Kohlehydrate besser zu verwerten als ihre wildlebenden Verwandten, ist das noch lange kein Grund, sie mit Stärke vollzustopfen und ihnen das lebensnotwendige tierische Eiweiß in viel zu geringem Maß zuzuführen. Es ist erwiesen, dass sich Hunde im Laufe der Jahrtausende, die sie mit uns gemeinsam verbracht haben, Gene entwickelt haben, die die Stärkeverdauung möglich machen. Aber wenn schon der Mensch heutzutage ein massives Problem mit seiner Ernährung hat, weil die meisten von uns viel zu viel Kohlehydrate in Form von Chips, Nudeln, Brot, Kuchen und Zucker zu sich nehmen, wie soll es da erst den Hunden gehen, die nur notgedrungen auch Kohlehydrate verwerten können?

Warum ist das so, dass verschiedene Arten unterschiedliche Nahrung verwerten können oder eben nicht? Der Grund dafür ist, dass jedes Lebewesen ein eigener Kosmos ist, auf dem viele Milliarden leben: Bakterien, Pilze, Kleinstlebewesen, die mit bloßem Auge nicht erkennbar sind. Sie leben mit uns in Symbiose, das heißt, wir sorgen im Darm für ein vernünftiges Klima durch gesunde Ernährung und sie helfen uns bei der Verdauung, bzw. bei der Abwehr von Schädlingen und Krankheitserregern. Deshalb kann man „gesund" nicht einfach als „Abwesenheit von Krankheit" definieren, sondern eher als ein harmonisches Leben im eigenen Körper mit allem was auf und in diesem Körper lebt. Dazu gehört eben auch eine gesunde, sprich „artgerechte" Ernährung. Und da die Besiedelung eines Hundedarms sich grundlegend von der eines Menschen oder einer Kuh unterscheidet, braucht er eben auch eine andere Nahrung.

Warum Hunde keine Kohlehydrate benötigen

Wir müssen uns ein wenig damit befassen, was passiert, wenn Kohlehydrate im Futter im Übermaß vorhanden sind, um wirklich zu verstehen, dass wir sie vermeiden müssen, wo auch immer es nur möglich ist. Ein wichtiges Argument, warum ein Industriefutter gut sein soll, ist in der Regel: der Getreideanteil sei leicht oder schnell verfügbar. Was bedeutet das?

Wenn wir auf den Acker gehen, Ähren pflücken und versuchen, die Körner zu essen, werden wir das ganz schnell aufgeben. Einmal schmeckt es nicht wirklich gut, und dann ist es eine mühsame Angelegenheit, auf diese Art satt zu werden. Es ist auch fraglich, ob wir die Körner so zerbeißen, dass wir die Inhaltsstoffe tatsächlich verwerten können, denn sie sind auf vielfältige Art geschützt: mit Häutchen und Schalen, die wir alle erst beseitigen müssen. Deshalb kamen die Menschen auf die geniale Idee, das Getreide zu dreschen und zu mahlen. Beim Mahlen gibt es verschiedene Möglichkeiten, je nachdem werden die Häutchen und Schalen im Mehl belassen oder auch nicht. Je feiner das Mehl ist und je besser ausgemahlen, umso schneller und leichter ist es verdaulich. Das ist so, weil die schwer verdaulichen Teile, die allerdings wertvolle Bestandteile enthalten, entfernt wurden. Deshalb sollte man sich nicht ausschließlich von Weißmehlprodukten ernähren, sondern auch mehr Vollkornprodukte essen. Der Unterschied lässt sich auch insofern leicht nachvollziehen, weil man nach einer Weißbrotmahlzeit deutlich schneller wieder hungrig wird, als nach einer Vollkornbrotmahlzeit. Das liegt daran, dass der Körper bei Vollkornprodukten nicht nur mehr tun muss, um alles Gute herauszuholen, sondern wir bekommen auch mehr Inhaltsstoffe, die wir benötigen: Vitamine, Mineralstoffe, Spurenelemente. Bei ausgemahlenem Mehl ist das aber so gut wie weg.

Hungergefühl hat nicht nur mit der Menge zu tun, die man isst, sondern auch mit dem, was man isst. Denn Hunger entsteht nicht nur durch „zu wenig Masse", sondern auch durch zu wenig von dem, was man zum Überleben an den sog. Vitalstoffen braucht. Dadurch erklärt sich, warum fehlernährte Hunde, die mit Industriefutter ernährt werden, nicht nur zu dick sein müssen, sie können auch fast verhungert aussehen, haben immer Hunger und sind immer auf der Suche nach Fressbarem. Das ist nicht viel anders wie bei Menschen, die sich überwiegend von Fast Food und Süßigkeiten ernähren. Fehl- oder Mangelernährung erzeugt unweigerlich die ständige Gier nach Essen, da der Körper von dem, was er braucht, nicht genug bekommt.

Während wir jetzt aber im Gegensatz zu Hunden Getreidekörner zerkauen und uns so mühsam aber doch ernähren könnten, hat man noch nie einen Caniden – egal ob wildlebend oder domestiziert – in einem Getreideacker an Ähren kauend gesehen. Ebenso graben sie keine Kartoffeln oder Zuckerrüben aus, das wäre auch vollkommen sinnlos für sie, da sie sie nicht verdauen könnten. Deshalb wird das Getreide auch entsprechend aufbereitet, damit es für die Hunde überhaupt verwertbar wird. Wie wertvoll das, was bei dieser Aufbereitung entsteht, tatsächlich ist, sollten wir uns genauer ansehen.

Man kann Getreide verschieden bearbeiten. Zuerst einmal wird es gemahlen, das bedeutet es wird mechanisch zerrieben. Bei diesem Vorgang gehen schon wertvolle Bestandteile verloren. Dann wird ein Speisebrei mit allen anderen Zutaten erstellt, der erhitzt wird, damit eventuelle Keime abgetötet werden. Dabei entstehen sehr hohe Temperaturen, je nach Hersteller können das deutlich über 200°C sein. Selbst sogenannte „kaltgepresste" Trockenfutter werden zwischen 40° C und 80°C erhitzt. Bereits bei einer Erwärmung von 45°C gehen Vitamine, Enzyme und Fermente verloren. Das ist u.a. der Grund, warum man sterben muss, wenn man dauerhaft hohes Fieber hat: wichtige Vitalstoffe werden zerstört. Je höher die Temperatur bei der Verarbeitung ist, umso weniger Vitalstoffe bleiben übrig. Es bleibt also nur reine Stärke zurück, alles andere ist kaputt. Und diese Stärke ist so aufgespalten, dass Hunde sie verdauen können.

Außerdem wird aus der Stärke im Getreidebrei Zucker, das ist der Grund, warum Getreideprodukte wie Zwieback, die stark erhitzt wurden, auch ohne Zuckerzusatz immer ein bisschen süß schmecken. Von Zucker wissen wir aber sicher, dass er für Hunde in noch viel größerem Maß als für Menschen sehr ungesund ist. Zucker ist für Pilze und verschiedene Bakterien eine ideale Nahrungsgrundlage, die durch eine zuckerhaltige Ernährung im Hundedarm ideale Bedingungen vorfinden, den Darm besiedeln und wichtige Bakterien verdrängen. Die Folge sind Verschlackung, Verstopfung oder Durchfall, Pilzerkrankungen und Blähungen. Das sind aber bei weitem nicht die einzigen Probleme. Denn irgendwo muss der Hund ja mit diesem Nahrungsangebot hin. Also wird bei manchen Hunden die Stärke in Fett umgewandelt, da sie nicht sofort benötigt wird. Deshalb sind Hunde, die mit Trockenfutter ernährt werden, sehr oft extrem fett. Wenn sie dann zum Abnehmen ein Diätfutter bekommen, ändert sich vor allem ein Bestandteil in der Zusammensetzung: der Kohlehydratanteil wird zu Ungunsten von Fett und Eiweiß erhöht. Stellen Sie sich vor, Sie hätten deutlich Übergewicht und Ihr Hausarzt rät Ihnen, ab sofort den Anteil an Kartoffeln, Brot, Nudeln und Reis zu erhöhen und ganz besonders sollen Sie darauf achten, Weißmehlprodukte zu essen. Würden Sie diesen Arzt ernst nehmen, was Ernährungsfragen betrifft?

Die normale Magendarmpassage, also die Zeit, die der Nahrungsbrei braucht, um vom Magen zum After zu gelangen, dauert beim Hund ca. 6-8 Stunden. Das gilt aber nur für frische Nahrung, die vor allem aus rohem Fleisch besteht. Für kohlehydrathaltige und / oder erhitzte Nahrung verlängert sich diese Zeit auf mindestens 12-14 Stunden, also dauert die Verdauung ca. 2 Mal so lange.

Der Hundedarm ist besiedelt von vielen Millionen Bakterien, die die Aufgabe haben, wie eine Art Gesundheitspolizei die unverdaulichen Sachen auszusortieren und die verdaulichen und auch nützlichen Nahrungsbestandteile durch den Darm in den Körper zu schleusen. Das ist sehr vereinfacht dargestellt, aber so ungefähr kann man sich das denken. Durch falsche Ernährung, sprich zu viel Kohlehydrate, können sich Bakterien, Pilze und Kleinstlebewesen ansiedeln, die die natürliche Darmflora verdrängen oder nachhaltig schädigen. Ebenso werden Bestandteile der Darmflora, die sich von Kohlehydraten ernähren, de facto überfüttert und können sich dadurch übermäßig vermehren.

Wer erfüllt aber die Aufgabe der gesunden Darmflora, wenn sie mehr und mehr verdrängt wird? Genau. Niemand. Im Gegenteil, es können zunehmend schädliche Stoffe in den Körper gelangen.

Dazu sollte man sich klar machen, dass der Magen-Darmtrakt, obwohl er im Inneren des Körpers liegt, eigentlich nicht zu den Innenorganen wie Leber, Herz und Nieren gehört. Es handelt sich eher um ein „Röhrensystem", das vom Maul bis zum After geht und die Aufgabe hat, den Nahrungsbrei durch den Körper zu schleusen, dafür zu sorgen, dass dieser Brei in verwertbare Bestandteile zerlegt wird, so dass die durchlässige Darmwand Nährstoffe in die Blutbahn und in den Körper transportieren kann. Zusätzlich sollen schädliche, evtl. giftige und unverdauliche Bestandteile durch den Darm wieder ausgeschieden werden, damit sie keinen Schaden anrichten können. Wenn dieses System durch falsche und ungesunde Nahrung gestört wird, sind Krankheiten aller Art vorprogrammiert. Deshalb heißt ein chinesisches Sprichwort „Der Tod kommt aus dem Darm." Man kann aber beruhigt ergänzen: „bei richtiger Ernährung das Leben ebenfalls".

Wenn jetzt der Darm überschwemmt wird mit Nahrung, die er nicht verarbeiten kann, zudem die nützliche Darmflora vernichtet wird und schädliche sich breit macht, kann man sich gut vorstellen, dass verschiedene Probleme auftauchen:

- der Darm verschlackt, weil die Funktion gestört ist und der Brei nicht richtig verarbeitet und weitertransportiert wird
- durch die lange Verdauungszeit geraten manche Bestandteile in Gärung, dies erzeugt Luftansammlungen und Blähungen, bzw. Bauchschmerzen
- der Darm wird angegriffen und beschädigt, da sein natürlicher Schutz nicht funktioniert
- durch die geschädigte Darmwand geraten jede Menge Schadstoffe in den Körper, die ihn belasten und vergiften.

Natürlich werden diese Beschädigungen nicht allein durch eine kohlehydratlastige Fütterung ausgelöst, aber das ist eines der Hauptprobleme. Wenn wir uns noch einmal überlegen, was Hunde als Beutetierfresser normalerweise fressen würden, könnten sie sich alleine versorgen, dann sehen wir, dass der Anteil an stärkehaltigen Produkten sehr gering ist. Denn auch seine bevorzugten Beutetiere wie Rehe oder Hasen fressen, so sie nicht vom Menschen dazu gezwungen werden, keine Samen und Körner wie Mäuse und Vögel sondern Gras und Blätter, also Grünpflanzen. Nebenbei: wenn das Getreide reif ist, haben die Bauern Probleme mit Mäusen, wenn es dagegen treibt und grün ist, mit Rehen und Hirschen.

Jetzt wurde tatsächlich nachgewiesen, dass Hunde sich den veränderten Lebensbedingungen bei Menschen genetisch so angepasst haben, dass sie Kohlehydrate besser verwerten können als ihre wildlebenden Verwandten, die das so gut wie gar nicht können. Das ist insofern beruhigend, als es tatsächlich für viele Hunde kein Drama ist, wenn sie hin und wieder stärkehaltige Nahrung oder Leckerchen bekommen, sprich: wenn man Getreideflocken oder Kartoffeln, Nudeln oder Reis unter das Futter mischt.

Tatsache ist allerdings auch, dass der überwiegende Anteil der Hunde ohne Kohlehydrate wesentlich besser lebt. Denn eigentlich handelt es sich um eine Art „Notprogramm". So wie Menschen auch mit Brot aus Rinde überleben können, überleben Hunde in Notzeiten mit stärkehaltiger Nahrung. Wie aber der Name sagt, ist das eine Möglichkeit in Zeiten über die Runden zu kommen, in denen das Nahrungsangebot knapp ist und wenig bis keine Beutetiere zur Verfügung stehen. Es gibt also keinen Grund, Hunde damit vollzustopfen und sie dauerhaft damit krank zu machen.

Denn in Industriefutter kann keine Rede davon sein, dass wenig Getreide verwendet wird. Selbst bei sog. hochwertigen Futtermitteln ist der ausgewiesene Stärkeanteil im günstigsten Fall bei ca. 30 %, der nicht ausgewiesene kann aber deutlich höher liegen. Denn ein Problem bei der Erzeugung von Trockenfutter ist, dass der Speisebrei bei heiß gepressten Sorten in Extrudermaschinen verarbeitet wird, die eigentlich für die Kunststoffverarbeitung konzipiert wurden. Der Brei, der hier durchgeht, benötigt eine festgelegte Viskosität, also eine gewisse Zähflüssigkeit. Diese erreicht man durch Zugabe von Stärke, die nicht (!) in der Liste der Zutaten zu finden ist. Wo diese Stärke herkommt, welche Grundlage sie hat, ob sie aus Kartoffeln, Getreideabfällen oder genverändertem Soja besteht, weiß niemand, außer dem Verkäufer, vielleicht noch der Einkäufer und den interessiert vermutlich vor allem der Preis: je billiger umso besser. Wenn Sie jetzt glauben, dass Sie mit Dosenfutter besser bedient sind, muss ich sie leider enttäuschen.

Eine übliche Zusammensetzung bei einem eher „hochwertigen" Dosenfutter kann beispielsweise so aussehen: 24% Rind, 15% Lamm, 15% Wild, 10% Kaninchen, 4% Gemüse (Erbsen & Möhren) 4% Nudeln. 2% Haferflocken und Mineralstoffe. Wenn Sie die angegebenen Bestandteile addieren, werden Sie sich über das Ergebnis wundern:

– Fleisch komplett:	64 %
– Gemüse	4 %
– Kohlehydrate gesamt	6 %
ergibt komplett	74%.

Woraus besteht der Rest?

Der Rest, also 26 % des Gesamtfutters ist genau diese Stärke, die wir angesprochen haben. Wenn Sie beim Hersteller nachfragen, aus was dieser Rest besteht, erhalten Sie vermutlich keine Antwort. Eine meiner Kundinnen hatte das getan, nachdem sie eine kostenlose Probe angefordert hatte – sie wartet seit Jahren auf die Antwort.

Bei dem Trockenfutter im folgenden Beispiel, das ich zufällig ausgewählt habe, ist nicht mal mehr aufgelistet, wie sich das Futter prozentual zusammensetzt, nur an der absteigenden Reihenfolge der Auflistung können Sie erkennen, wovon mehr und wovon weniger enthalten ist. Wenn Sie die Bestandteile der Zusammensetzung addieren, erhalten Sie bei der ersten Variante 57,95 % und bei der zweiten 53,9 %. Der Anteil an künstlichen Vitaminen, Mineralstoffen und Spurenelementen macht sicher nicht die restliche Fehlmenge aus. Hier haben wir also in beiden Fällen zu dem aufgelisteten Getreide einen hohen Anteil von deutlich über 40% an unbekannter Stärke, denn es ist nicht anzunehmen, dass hier gutes Fleisch verarbeitet wurde.

Variante 1: Zusammensetzung: Huhn, Reis, Weizenmehl, tierisches Fett, Weizen, Rübenmark, Leinsamen, dehydrierter Fisch, hydrolysiertes Hühnereiweiß, Lachsöl, Bierhefe, getrocknetes Vollei, Mineralien, Fructooligosaccharide, Lecithin, Ringelblumenextrakt, Meeresalgen, Traubenkernextrakt.
Inhaltsstoffe: Rohprotein 28%, Rohfett 18% Rohasche 7% Rohfaser 2,5% Kalzium 1,25 %, Phosphor 0,8%, Natrium 0,4%, Vitamin A 20.850 IE/kg, Vitamin D§ 1.895 IE/kg, Vitamin E 580 mg / kg, ß-Karotin 10mg/kg, E1 (Eisen) 201 mg/kg, E2 (Jod) 3 mg/kg, E4 (Kupfer) 8 mg/kg, E5 (Mangan) 63 mg/kg, e6 (Zink) 120 mg/kg, E8 (Selen) 0,2 mg/kg.

Variante 2: Zusammensetzung: Huhn, Reis, Weizenmehl, tierisches Fett, Weizen, Rübenmark, Leinsamen, dehydrierter Fisch, hydrolysiertes Hühnereiweiß, Lachsöl, Bierhefe, getrocknetes Vollei, Mineralien, Fructooligosaccharide, Lecithin, Ringelblumenextrakt, Meeresalgen, Traubenkernextrakt.
Inhaltsstoffe: Rohprotein 26%, Rohfett 16%, Rohasche 7%, Rohfaser 2,5%, Kalzium 1,2 %, Phosphor 0,8%, Natrium 0,40%, Vitamin A 17.800 IE/kg, Vitamin D3 1.600 IE/kg, Vitamin E 500 mg/kg, ß-Karotin 10 mg/kg, E1 (Eisen) 201 mg/kg, E2 (Jod) 3 mg/kg, E4 (Kupfer) 8 mg/kg, E5 (Mangan) 63 mg/kg, E6 (Zink) 120 mg/kg, E8 (Selen) 0,2 mg/kg.

Wenn Sie hier die angegebenen Prozentzahlen der Inhaltsstoffe addieren, kommen Sie ebenfalls nicht auf 100%. Warum? Das bleibt das Geheimnis des Herstellers. Ob man bei diesem Futter tatsächlich davon ausgehen kann, dass es der Garant für ein „glückliches und gesundes Hundeleben" sein kann, darf getrost bezweifelt werden. Dabei haben wir erst einen Aspekt beleuchtet: den Anteil der Kohlehydrate.

Die einfache Antwort auf die Frage: „Warum sind Kohlehydrate im Hundefutter?" lautet vermutlich: „Weil dadurch das Futter – für den Hersteller – billiger wird." Billig kann Stärke aber nur sein, wenn sie entweder minderwertig oder ein Abfallprodukt ist. Und genau da liegt der nächste Haken. Das, was Ihnen als hochwertige „Cerealie" verkauft wird, die so bearbeitet wurde, dass sie für Ihren Hund „leicht verfügbar" ist, ist in der Regel nichts anderes als der Abfall aus der Getreideverarbeitung. Die wirklich wertvollen Bestandteile sind längst anderweitig verarbeitet. Teilweise wird einfach Stroh verwendet. Für Sie aber wird durch die Fütterung dieser Abfallprodukte alles teurer, denn ein kranker Hund muss öfter zum Tierarzt und kostet dadurch sinnlos mehr Geld, das Sie besser in gesundes Futter investieren. Um seine Energiereserven zu erhalten, bzw. aufzufüllen, füttern Sie ihn lieber mit hochwertigen tierischen Fetten.

Alles drin, was der Hund so braucht?

Eines der Hauptargumente, warum Trockenfutter, bzw. Industriefutter verfüttert werden soll, ist: da ist alles drin, was der Hund braucht. Bei den Kohlehydraten haben wir schon gesehen, dass dieses Argument mehr als zweifelhaft ist. Wenn dem so ist, dann sollte man sich zuallererst die Frage stellen, wie Hunde die lange Zeit ihrer Anwesenheit auf Erden überleben konnten ohne Trockenfutter, dafür mit frisch erbeuteten Mäusen, Hasen und Rehen, ausgeleerten Mülleimern, abgesuchten Müllplätzen und Essensresten vom Tisch ihrer Besitzer. Nein, ich bin nicht der Meinung, dass Sie Ihrem Bello zukünftig den Mülleimer zur Selbstversorgung hinstellen sollen. Aber wenn es wahr ist, dass nur in Industriefutter alles enthalten ist, was Hunde brauchen, dann dürften anders ernährte Hunde ja nicht lange überleben. Wäre zumindest logisch. Wir wollen diese Aussage einmal genauer untersuchen und dann werden wir sehen, was dran ist.

Wenn wir als Beispiel das vorher angeführte Dosenfutter nehmen, stellen wir fest, dass mindestens vier Fleischsorten enthalten sind: Wild, Lamm, Rind und Kaninchen. Da sollte sofort auffallen, dass es diese Zusammensetzung in der Natur nicht gibt. Die verschiedenen Eiweißsorten sind auch unterschiedlich gut verdaulich und sollten deshalb nicht vermischt werden. Denn wenn die Verdauungszeiten nicht zusammenpassen, gibt es wieder – wie oben schon erwähnt – Probleme im Darm. Dann haben wir noch jeweils 4% Möhren und Erbsen. Möhren sind für Hunde de facto unverdaulich, sie müssen wie andere Bestandteile bearbeitet, z.B. erhitzt werden, was bei Dosenfutter ja auch passiert. Nur wissen wir, dass bei Erhitzung Vitamine und Enzyme beschädigt, bzw. vernichtet werden. Erbsen gehören zu den Hülsenfrüchten, die zum einen sehr viel Stärke, also Kohlehydrate und pflanzliches Eiweiß enthalten, zum anderen gehören sie zu den Gemüsesorten, die man an Hunde überhaupt nicht verfüttern sollte, da sie eigentlich giftig sind. Die Wahrscheinlichkeit, dass sie besser verträglich sind, nachdem sie bearbeitet wurden, ist gegeben, aber warum sollte man etwas aufwendig bearbeiten, um es verdaulich zu machen? Gibt es keine Alternativen? Doch, gäbe es. Aber wenn wir verschiedene Industriefutter ansehen, dann fällt auf, dass Erbsen, Möhren und Lauch sehr häufig verarbeitet werden. Lauch gehört übrigens zu den Alliumgemüsen, ebenso wie Zwiebeln, diese sind für Hunde giftig. Warum also sind diese Gemüsesorten im Futter? Sehr einfach: weil sie billig sind.

Dann haben wir noch Haferflocken 2 % und Nudeln 4 %, das wäre vertretbar, nur ist beides eigentlich überflüssig. Noch dazu wissen wir nicht, von welcher Qualität diese Zutaten sind. Wenn jemand wirklich unbedingt Getreideprodukte füttern möchte, dann sollte er sich so etwas selber kaufen und beifügen, dann weiß er wenigstens was drin ist. Selbst wenn wir also den undefinierbaren Rest von 26% außer Acht lassen, kann man nicht mit gutem Gewissen behaupten, dass dies ein gesundes, empfehlenswertes Futter ist.

Mit dem Trockenfutter aus unserem Beispiel sieht es allerdings auch nicht wirklich gut aus. Dazu muss man wissen, dass die Hersteller nicht alles, was im Futter enthalten ist, ausweisen müssen. Zudem wird durch die Art der Angabe für Laien verschleiert, was für ein Abfall tatsächlich im Futter ist. Wenn hier steht „xxxmehl" dann gehen Sie mal beruhigt davon aus, dass das Bestandteile sind, die wirklich niemand mehr verwerten kann, so wie Borsten oder Klauen. „Nebenerzeugnisse" sind nichts als ein Gemisch aus allem möglichen: allen möglichen Fetten, allen möglichen Schlachthausresten, also so richtig hochwertig hört sich das nicht an, oder?

In unserem Beispiel ist die Liste der Inhaltsstoffe nicht aussagekräftig, denn zuerst sollten wir wissen, wie viel Feuchtigkeit in dem Futter enthalten ist, in der Regel 6-10%. Wenn wir das wüssten, dann könnten wir umrechnen, wie sich die alle Prozentzahlen verhalten, wenn man sie mit den entsprechenden Bestandteilen in Fleisch vergleicht. 28, bzw. 26 % Rohprotein hört sich viel an, kann aber, wenn man 10 % Feuchtigkeit zugrunde legt, sehr schnell auf deutlich unter 10% gehen und Fleisch hat zwischen 13 und 20% Rohprotein. Ebenso verhält es sich mit dem Rohfett, auch 18, bzw. 16 % liest sich viel, aber was bleibt, wenn es umgerechnet wurde? So verhält es sich mit allen Inhaltsstoffen. Was Sie Ihrem Hund tatsächlich füttern, wird durch die fehlende Feuchtigkeit verfälscht.

Und was bedeuten „7 % Rohasche"? Dies ist die Definition von Wikipedia: „Zur Ermittlung des Rohaschegehaltes wird die Probe in einem Muffelofen bis zur Gewichtskonstanz auf 550°C erhitzt [6]. Dadurch werden alle organischen Bestandteile vermuffelt (verbrannt) und der Rückstand ist der Gehalt an Rohasche. Das sind abhängig von der Probe v. a. Mineralstoffe und Sand. Der Wert Gesamtmasse des Futtermittels abzüglich des Werts der Rohasche ist die organische Masse (OM). Die organische Masse setzt sich aus Rohprotein, Rohfaser, Rohfett und NfE zusammen." Mir ist nicht bekannt, dass im Inneren eines Hundes eine Temperatur von 550°C herrscht, im Gegenteil, sowie seine Körpertemperatur sich den 45°C nähert, ist sein Leben ernsthaft gefährdet. Was also sagt uns diese Zahl? Und ist ein Anteil von 7% jetzt gut oder schlecht?

Und dann sind noch 2,5 % Rohfaser angegeben, lt. Wikipedia: Unter „Rohfaser" ist derjenige Anteil eines Futtermittels zu verstehen, der nach Behandlung mit verdünnten Säuren und Laugen als „unverdaulicher" Bestandteil zurückbleibt. Hauptbestandteil dieser Stoffklasse ist die Cellulose. Rohfaser darf nicht mit Ballaststoffen gleichgesetzt werden, da diese nur zu ca. einem Drittel aus Cellulose bestehen und noch viele andere unverdauliche Komponenten enthalten." Was sind das für Säuren und Laugen und kommen sie im Hundemagen vor? Magensäure ist einfach Salzsäure, beim Menschen 0,5%, beim Hund 3,5%. Laugen kommen in Hundemägen nicht vor. In meinen Augen sind beide Angaben nicht wirklich aussagekräftig, da sie nichts über den Nährwert und die Qualität des Futters aussagen.

Schließlich haben wir noch eine lange Aufzählung von Vitaminen, Mineralstoffen und Spurenelementen. So gut wie jeder Hersteller behauptet, dass seine Zusammensetzung wissenschaftlich exakt untermauert und genau so ideal für alle Hunde ist. Und jetzt betreten wir ein sehr schwieriges Gebiet. Denn nach wie vor weiß kein Mensch, was in welcher Konzentration Hunde tatsächlich benötigen. Und niemand weiß, in welcher Kombination Vitamine, Mineralstoffe, Enzyme und Fermente in Verbindung mit den anderen Nährstoffen welches Tier benötigt. Deshalb bedeutet „wissenschaftlich getestet / erforscht / bewiesen" oder wie auch immer man das formuliert, nichts anderes als die hässliche Tatsache, dass in überflüssigen Tierversuchen getestet wurde, was passiert, wenn von bestimmten Stoffen zu viel oder zu wenig verabreicht wurde. Nachdem aber schon lange bekannt ist, dass Mangelerscheinungen ebenso wie Überversorgung Krankheiten, Vergiftungserscheinungen und im schlimmsten Fall den Tod bedeuten können, sind solche Versuche überflüssig wie ein Kropf.

Um zu verstehen, wie absurd das alles ist, sieht man sich am besten die Angaben für Vitamine an. Dieser Hersteller wirbt ausnahmsweise nicht mit dem Zusatz „ohne Konservierungsstoffe", der normalerweise Augenwischerei ist. Denn die angegebenen Vitamine A und E dienen sehr wohl als Konservierungsstoffe. Die Vitamine B, D und E sind eigentlich Komplexe, das bedeutet, dass es davon sehr viele gibt, zugefügt werden aber die, die im Labor am leichtesten nachzubauen sind. Lt. Wikipedia: „Vitamin E ist ein Sammelbegriff für fettlösliche Substanzen mit antioxidativen und nicht-antioxidativen Wirkungen." Wissen wir sicher, dass alles nachgebaut wurde, was natürliches Vitamin E ausmacht? In unserem Beispiel ist kein Vitamin B angegeben, aber wenn Sie sich Futtersorten ansehen, die dieses Vitamin enthalten, stellen Sie fest, dass es maximal bis B12 geht. Es gibt aber über 250 VitaminB-Arten, produziert werden nur wenige. Braucht man die anderen nicht? Dann sollte man wissen, dass die Vitamine E und C zu den Vitaminen gehören, die der Hund, so er richtig ernährt wird, selbst produzieren kann. Werden ihm jetzt künstliche Vitamine zugefüttert, kann es entweder passieren, dass der Körper evtl. die Eigenproduktion einstellt, weil sonst zu viel vorhanden ist, oder er erkennt es nicht und schwemmt es aus, sprich der Hund bekommt Durchfall, oder er lagert es in Depots ab, die dafür vorgesehen sind. Das kann sich dann negativ auswirken, wenn eigentlich wasserlösliche Vitamine wie Vitamin C in Depots für fettlösliche wie Vitamin E abgelagert werden, da sie nicht richtig erkannt wurden. Vitamin E kann dann nicht gebunkert werden, das kann wieder zu einer Mangelerscheinung führen.

Ein weiterer Punkt bei Vitaminen, der beachtet werden muss, ist das Mindesthaltbarkeitsdatum. Wenn auf einer Futterpackung eine bestimmte Mengenangabe ausgewiesen ist, bedeutet das, dass am Ende des MHD noch mindestens diese Menge nachweisbar sein muss. Im Falle der sehr flüchtigen Vitamine bedeutet das aber, dass Sie nie genau wissen, was jetzt wirklich drin ist, da die Hersteller sicher ein Vielfaches zufügen. Das hat den Effekt, dass am Ende des MHD noch genügend vorhanden ist, aber auch, dass bei Verwendung schlechter Fette vermieden wird, dass das Futter ranzig wird. Bei der Verwendung von alten und minderwertigen Fetten ist das durchaus notwendig. Eine Überversorgung mit Vitaminen ist aber ein höchst gefährliche Sache. Wenn eine trächtige Hündin zu viel Vitamin A bekommt, können bei den Welpen Verkrüppelungserscheinungen z.B. an den Ohren oder Zehen auftreten. Verkauft wird es Ihnen aber mit dem Argument, dass es gesund für Ihren Hund sei.

Wenn wir uns jetzt noch die Liste „Zusammensetzung" ansehen, wird es richtig bunt. Es wird einfach alles in absteigender Reihenfolge aufgelistet, Sie haben überhaupt keine Ahnung, was in welcher Konzentration enthalten ist, sogar die übliche Beruhigungsformel „mindestens 4% xy-Fleisch" fehlt. Gehen wir also davon aus, dass der Hersteller lieber verschweigt, wie wenig von allem drin ist. Zur Untermauerung der Behauptung, dass Trockenfutter ungesund ist, wollen wir uns aber ein paar Bestandteile genauer betrachten.

An tierischem Eiweiß finden wir Huhn, Hühnereiweiß und Fisch, auch diese Kombination ist unnatürlich. Dann gibt es nicht näher erläutertes „tierisches Fett" und Lachsöl, natürlich ohne Mengenangabe. An Kohlehydraten sind Reis, Weizen und Weizenmehl enthalten, zudem Rübenmark, das für gewöhnlich ein Abfallprodukt aus der Zuckerproduktion ist. Und auch noch verschiedene Zuckersorten, die als Geschmacksverstärker dafür sorgen sollen, dass die Hunde das Zeug überhaupt fressen: Hier wieder Wikipedia. „Oligofructose (Fructooligosaccharid) ist ein Mehrfachzucker, der zwischen 30 und 50 % der Süßkraft von Saccharose aufweist und daher auch als Zuckeraustauschstoff verwendet wird. Da Verdauungsenzyme sie nicht abbauen können, gehört sie zu den Ballaststoffen und wird als Präbiotikum zum Beispiel Joghurt zur Stimulierung der wünschenswerten Dickdarmbakterien für eine gesunde Darmflora zugesetzt. Enthalten Lebensmittel keine anderen Zucker (Mono- oder Disaccharide), so dürfen sie trotz des süßen Geschmacks als „zuckerfrei" ausgelobt werden. Enthalten sie noch Mono- oder Disaccharide (z. B. aus Früchten) so können sie als „ohne Zuckerzusatz" deklariert werden. Oligofructose ist (wie Inulin) aus 3-10 β-glykosidisch verbundenen Fructose-Einheiten aufgebaut und wird in einer patentierten Form unter dem Namen Raftiline oder Raftilose vermarktet.". Wozu brauchen Hunde Süßstoff im Futter, der nebenbei bemerkt in der Schweinemast als Appetitanreger verwendet wird? Der einzige Grund, der mir einfällt ist: Hier wird mit Geschmacksverstärkern gearbeitet, sonst würden die Hunde das Zeug nicht mal ansehen. Denn was hier verwendet wird, und das ist bei allen Trockenfuttern letztendlich das gleiche, erinnert eher an „zusammenmanschen" als an eine durchdachte Rezeptur.

Schließlich finden wir Bierhefe, die in der menschlichen Ernährung in Verruf geraten ist, da sie nicht nur Vitamine enthält, sondern u.U. den Darm belastet und Pilzerkrankungen befördert. Hefe wird als sehr wirkungsvoller Geschmacksverstärker eingesetzt. Nicht näher definierte Mineralien sind aufgelistet, und für die, die alles gerne ein bisschen alternativ haben, finden wir Ringelblumenextrakt, Meeresalgen und Traubenkernextrakt. Letztere sind in verschwindend geringer Konzentration vorhanden, da sie in der nicht näher definierten Zusammensetzung ganz hinten stehen.

Warum sollten sie also drin sein und welche Sinn haben sie, wenn sie nicht der Beruhigung des Gewissens dienen?

Unser vorher besprochenes Dosenfutterbeispiel zeichnet sich dadurch positiv aus, dass etwas in der Zutatenliste fehlt: Zucker. Wir wollen hoffen, dass das auch tatsächlich so ist, denn die Hersteller müssen nicht alles angeben, was sie ins Futter hineinmischen. Denn obwohl durch die Fertigung aus der zugefügten Stärke zum Teil Zucker wird, fügen manche Hersteller noch Zucker bei. Warum? Damit die Hunde das Zeug überhaupt fressen. Welche Schäden dadurch entstehen, wird noch näher erläutert. Was allerdings im Trockenfutter komplett fehlt, ist Wasser. In Trockenfutter ist zwischen 6-10 % Feuchtigkeit enthalten. Wer also Trockenfutter füttert, muss es entweder einweichen, so dass es die richtige Konsistenz hat, oder der Hund muss entsprechend mehr trinken. Im ersten Fall entsteht ein unappetitlicher Brei, den viele Hunde nur in sich hinein würgen, weil sie nichts anderes bekommen, im zweiten darf man gespannt sein, ob ein Hund das tatsächlich schafft. Denn wenn ein Hund von ca. 15 Kilo bei Trockenfuttergabe jeden Tag ca. einen halben Liter Wasser zusätzlich zu der Flüssigkeit in der Nahrung trinken sollte, dann erhöht sich diese Menge bei Ernährung mit Trockenfutter leicht auf das Dreifache oder mehr. Normalerweise trinken die Hunde ein bisschen mehr, aber nicht ausreichend. Die daraus entstehenden gesundheitlichen Probleme wie saure Magendrehung und Nierenerkrankungen behandeln wir weiter hinten.

Falls Sie jetzt eine gewissen Verwirrung spüren, dann können Sie ganz beruhigt sein: das geht allen so. Mir drängt sich beim Lesen dieser verwirrenden Rezepturen immer der Verdacht auf, dass wir beeindruckt und am Nachfragen gehindert werden sollen. Wer gibt schon gerne zu, dass er etwas „wissenschaftlich belegtes" nicht versteht oder gar anzweifelt? Aber Sie können auch beruhigt sein, was die Fütterung Ihres Hunde betrifft. Wenn Sie dieses undurchschaubare Industriezeug weglassen und das Futter selber zusammenstellen, müssen Sie nicht Lebensmittelchemie studieren. Schauen Sie sich diese ganzen konfusen Zusammensetzungen auf den Packungen an und bedenken Sie:

- wie viel und was im Futter drin sein darf, dessen Herkunft nicht näher definiert wird und wo man auch beruhigt Mengenangaben weglassen kann, bzw. gar nicht anzugeben braucht, was wirklich enthalten ist

- wo jeder einfach alles reinschütten darf, was ihm gerade so in die Finger fällt, ohne die natürlichen Bedürfnisse der Hunde zu berücksichtigen
- wo gnadenlos mit Geschmacksverstärkern gearbeitet werden darf, ohne die die Hunde nicht mal die Nase in die Richtung dieser Köstlichkeiten richten würden
- dass Sie nicht die leiseste Ahnung haben, welche Qualität die Ausgangsprodukte haben und Sie sich deshalb auf die zweifelhaften Aussagen des Herstellers verlassen müssen.

Wenn wir das alles bedenken, dann sollten wir uns wirklich die Frage stellen, ob in diesem undurchschaubaren Wust tatsächlich „alles drin ist", was Bello braucht oder ob wir ihn nicht lieber mit Dingen versorgen, deren Qualität und Zusammensetzung von uns selber festgelegt wird.

Krankheiten durch Industriefutter

Es ist ein leider weitverbreiteter Irrtum zu glauben, dass man alle gesundheitlichen Probleme durch Ernährung in den Griff bekommt. Wenn ein Hund Stoffwechselprobleme aufgrund von Inzucht hat, dann verschwinden diese nicht wie durch ein Wunder, wenn man ihn roh füttert. Aber man kann sehr viel lindern. Wenn man allerdings ausschließlich Industriefutter füttert, sollte man sich nicht wundern, wenn sich jede angeborene Problematik verstärkt, bzw. neue Krankheiten dazukommen, die absolut vermeidbar wären.

Noch nie gab es so viele Zivilisationskrankheiten bei Hunden wie heute, dazu zählen:

- Allergien
- Diabetes
- Bauchspeicheldrüsenerkrankungen
- Erkrankungen des Bewegungsapparates, wie z.B. Spondilose, Arthrose
- Herzprobleme
- Über-, Untergewicht
- Verdauungsprobleme
- Schilddrüsendysfunktionen
- Ohr- und Analdrüsenentzündungen
- Nieren- und Leberschäden
- Gebärmuttervereiterungen
- Zahnstein
- verfrühte Alterung
- Tumorerkrankungen
- Verhaltensauffälligkeiten in verschiedenen Formen, wie z.B. Hyperaktivität
- Magendrehung

Häufig hört man, dass man sich früher nicht so um die Hunde gekümmert hätte, also hätte man auch gar nicht gemerkt, wenn ein Hund krank gewesen sei. Außerdem hätte man angenommen, dass Hunde manche Krankheiten gar nicht bekommen können. Das ist sicher richtig, aber nicht jeder Hundehalter in früheren Zeiten hat so gehandelt. In meiner Familie gab es immer Hunde und auf die wurde sehr gut geachtet. Sie wurden gut gefüttert und sauber gehalten, man ging regelmäßig mit ihnen zum Tierarzt, sie bekamen viel Zuwendung und sie hatten genügend Auslauf und Bewegung. Ich glaube nicht, dass meine Familie die große Ausnahme, sondern dass das durchaus normal war.

Krankheiten entstehen nicht nur durch falsches Futter, sondern auch durch schlechte Haltung, groben Umgang und Inzucht. Schlechte Haltung, wie z.B. Zwinger- oder Kettenhaltung, und grober Umgang erzeugen Stress und Stress schädigt das Immunsystem. Also können sich leichter Krankheiten einnisten. Damit wollen wir uns hier nicht befassen, da ich davon ausgehe, dass Menschen, die in meine Hundeschule kommen und meine Bücher lesen, einen freundlichen Umgang mit ihrem Hund pflegen.

Mit Inzucht müssen wir uns aber sehr wohl befassen, denn sie schädigt den Stoffwechsel und damit ebenfalls das Immunsystem. Außerdem gibt es spezielle Krankheiten, die durch Inzucht entstehen und / oder gefördert werden wie Epilepsie und Hüftdysplasie. Es ist nicht immer so einfach festzustellen, welche Krankheiten tatsächlich inzuchtbedingt sind, da Krankheiten auch vorkommen, wenn über viele Generationen keine Inzucht betrieben wurde. Wenn aber die Vorfahren eines Hundes schon Probleme mit dem Stoffwechsel hatten und ihre Nachkommen ebenfalls darunter leiden, dann kann man davon ausgehen, dass es sich um eine vererbte Problematik handelt. Tatsache ist: Industriefutter verstärkt jede Anfälligkeit, bzw. erhöht die Wahrscheinlichkeit, dass ein Hund krank wird und Anlagen für Krankheiten eher zum Ausbruch kommen. Warum ist das so? Und wie kann man ernährungsbedingte Krankheiten erkennen?

Wie wir gesehen haben, ist in Industriefutter definitiv nicht unbedingt das, was ein Hund braucht, sondern wir finden viele Stoffe, die für Hunde unnütz, bzw. regelrecht giftig sind. Ihr Organismus wird überschwemmt mit künstlichen Vitaminen, Mineralstoffen und Spurenelementen, die in einer Zusammensetzung verabreicht werden, von der niemand weiß, ob sie so tatsächlich gut und richtig ist. Wenn Sie Äpfel kaufen, sagen Sie auch nicht: „ich möchte xx % Wasser, xx % Fruchtzucker, xx % xy Vitamine", sondern Sie sagen: „ich hätte gerne 10 Äpfel von der und der Sorte". Wenn Sie sich vernünftig ernähren, wissen Sie automatisch, was Sie essen müssen, denn darauf haben Sie Appetit. Also kaufen Sie manchmal säuerliche und manchmal lieber süße Äpfel. Ihr Körper sagt Ihnen schon, was richtig ist. Wenn Sie nicht auf sich hören und irgendwelche Dinge in sich hineinstopfen, die industriell gefertigt wurden, dann wundert sich niemand, wenn Sie krank werden. Denn beim Fertigen werden alle Bestandteile denaturiert, sprich durch hohe Temperaturen oder Druck so verändert, dass sie mit dem Ausgangsprodukt nicht mehr viel zu tun haben. Auch dadurch entstehen wieder Krankheiten, da der Körper mit dem denaturierten Produkt nicht klar kommt. Häufig wird dann behauptet der Hund sei allergisch z.B. gegen Rindfleisch, merkwürdigerweise verschwinden diese „Allergien" auf Nimmerwiedersehen sobald man auf Rohfütterung umstellt.

Bevor wir uns den einzelnen Erkrankungen zuwenden, müssen wir klären, was „Stoffwechsel" bedeutet. Dazu bemühen wir wieder Wikipedia: „Als Stoffwechsel oder Metabolismus (griechisch μεταβολισμός, metabolismós „Stoffwechsel", mit lateinischer Endung versehen) bezeichnet man die Gesamtheit der chemischen Prozess in Lebewesen, also der Umwandlung von chemischen Stoffen. Er besteht aus Aufnahme, Transport und chemischer Umwandlung von Stoffen in einem Organismus sowie der Abgabe von Stoffwechselendprodukten an die Umgebung. Alle beteiligten Stoffe werden als *Metaboliten* bezeichnet.

Diese biochemischen Vorgänge (zum Beispiel innere und äußere Atmung, Transportvorgänge, Ernährung) dienen dem Aufbau und der Erhaltung der Körperzustand (Baustoffwechsel) sowie der Energiegewinnung (Energiestoffwechsel) für energieverbrauchende Aktivitäten und damit der Aufrechterhaltung der Körperfunktionen. Wesentlich für den Stoffwechsel sind Enzyme, die chemische Reaktionen beschleunigen und lenken (katalysieren)."

Wenn dieser Austausch nicht richtig funktioniert, weil wichtige Stoffe nicht dahin kommen, wo sie gebraucht werden, schädliche Stoffe eindringen können oder nicht abtransportiert werden, sprechen wir von einer Stoffwechselstörung. Um das zu verdeutlichen, können wir uns überlegen, was passiert, wenn wir etwas schädliches einatmen. Normalerweise fangen wir an zu husten, um den Schadstoff wieder los zu werden. Wenn uns das nicht vollständig gelingt und Schadstoffe zurückbleiben, werden Teile der Atemwege mehr oder weniger geschädigt. Das kann auf Dauer dazu führen, dass wir nicht genug Sauerstoff bekommen und zu wenig Kohlendioxid abgeben. Es werden in der Folge immer mehr Teile beschädigt und die Probleme nehmen zu, wir könnten z.B. Lungenkrebs bekommen, da sich unsere Lunge nicht mehr dagegen wehren kann.

Das gleiche passiert, wenn der Hund dauerhaft falsch ernährt wird. Durch Durchfall oder breiigen Kot versucht der Körper die ungeeignete Nahrung los zu werden, was aber nur zum Teil gelingt. Der Darm wird irgendwann so geschädigt, dass immer mehr schädliche Substanzen in den Körper gelangen und dort so massiv Schaden anrichten können, dass der Hund das u.U. nicht überlebt, bzw. Krankheiten entstehen, die zu seiner Einschläferung führen können. Es gibt angeborene und erworbene Stoffwechselerkrankungen. Bei angeborenen können Sie mit der richtigen Ernährung immer eine Besserung des Zustandes herbeiführen. Eine erworbene können Sie im günstigsten Fall tatsächlich beseitigen, wenn die Schädigungen noch nicht zu massiv sind.

1. Allergien

Manchmal hat man den Eindruck, wenn ein Hundehalter selber schon keine Allergien hat, dann muss wenigstens der Hund welche haben. Viele Hunde fangen an, sich mehr und mehr zu kratzen, sie beißen an ihren Zehen herum, und das kann bis zum bluten gehen. Sowie er aber anfängt sich zu beißen und zu kratzen, geht man zum Tierarzt, der untersucht alles mögliche, spritzt vielleicht noch Cortison, irgendwann macht er die eine oder andere Untersuchung und stellt fest: Ihr Hund ist allergisch gegen Rindfleisch. Diese „Allergie" wird sehr häufig diagnostiziert, was auch eigentlich logisch ist, denn vermutlich ist in fast jedem Industriefutter auch Rindfleisch enthalten. Der Hersteller muss, wie wir gesehen haben, nicht auflisten, was er unter „tierischen Nebenprodukten" oder „Fetten" versteht. Der Verdacht, dass es sich um „zusammengekehrtes Schlachthaus" handelt dürfte bei so manchem durchaus angebracht sein. Wir sehen wieder bei Wikipedia nach, was denn eine Allergie überhaupt ist:

„Als Allergie (altgriechisch: ἡ ἀλλεργία, „die Fremdreaktion", aus ἄλλος (állos), „anders, fremd, eigenartig" und τὸ ἔργον (to érgon), „das Werk, die Arbeit, die Reaktion") wird eine überschießende Abwehrreaktion des Immunsystems auf bestimmte und **normalerweise harmlose Umweltstoffe** (Allergene) bezeichnet, die sich in typischen, oft mit entzündlichen Prozessen einhergehenden Symptomen äußert."

Die Hervorhebung stammt von mir, denn das ist es, worauf es ankommt. Wenn ein Mensch, zu dessen normalen Nahrungsmitteln Äpfel oder Tomaten gehören, diese nicht verträgt und er auf den Verzehr mit Durchfall oder Ausschlag reagiert, dann ist das eine Allergie. Wenn Hunde auf welches Fleisch auch immer allergisch reagieren, dann kann man das nur dann als Allergie bezeichnen, wenn es sich um rohes Fleisch handelt. Erhitztes, also denaturiertes Fleisch gehört nicht zur natürlichen Ernährung der Hunde. Im Industriefutter wurde Fleisch aber immer erhitzt und darauf reagieren Hunde sehr wohl.

Oft kann man aber den Auslöser gar nicht wirklich festmachen, dann wird das Jucken und Kratzen oder der ewige Durchfall auf „Futtermilben" zurückgeführt. Man lagert das Futter anders oder wechselt die Sorte und es kann durchaus sein, dass sich der Zustand des Hundes erstmal bessert. Aber irgendwann gehts wieder los mit den Symptomen. Ein beliebtes Mittel, das Symptom zu bekämpfen, ist der Griff zur Cortisonspritze. Cortison kann man als medizingewordene Ratlosigkeit der Schulmedizin bezeichnen. Momentan sieht erstmal alles ganz prima aus, weil einfach jede körpereigene Abwehrreaktion unterdrückt wird, aber irgendwann wirkt es nicht mehr und die Symptome kommen schlimmer wieder zurück. Die Dosis wird erhöht, die Abstände zwischen den Behandlungen werden kleiner, aber gesund wird der Hund nicht.

Die Haut und der Darm sind wichtige Organe der körpereigenen Entgiftung. An den Zehen, den Augen und in den Ohren sieht man am schnellsten, wenn der Körper versucht, unverträgliche Stoffe oder Gifte loszuwerden. Wenn also Haut und Darm in irgendeiner Form empfindlich reagieren, dann muss man das als Warnzeichen verstehen und an der Ursache arbeiten: an der krankmachenden Ernährung. In der Regel reagiert zuerst der Darm mit Durchfall, wenn das nicht ausreicht, versucht der Körper die Schadstoffe über die Haut loszuwerden. Mit Allergie hat das so viel zu tun, wie Industriefutter mit gesunder Ernährung.

2. Magen-Darm-Erkrankungen

Bei Beutetierfressern fängt die Verdauung im Magen an, hier wird die Magensäure aktiv. Bei gesunden Hunden ist das eine ca. 3,5%ige Salzsäure, die u.a. dafür sorgt, dass Schädlinge bereits hier abgetötet und unschädlich gemacht werden. Wenn jetzt ein Hund mit Industriefutter ernährt wird, wird diese Säure abgeschwächt, da der Säuregehalt durch die Nahrung beeinflusst wird. Das bedeutet, dass mehr Schadstoffe und Parasiten in den Darm gelangen.

Bei Trockenfutter besteht außerdem die Gefahr, dass der Hund zu wenig Flüssigkeit mit der Nahrung aufnimmt. Entweder wird es eingeweicht, da dem Hundehalter das Problem bewusst ist und er versucht, damit mehr Flüssigkeit in den Hund zu bringen, oder der Hund muss das selber durch vermehrtes Trinken ausgleichen. Beides kann massive Probleme im Magen erzeugen. Wenn der Hund den eingeweichten Futterbrei verschlungen hat, liegt der erstmal im Magen. Da die Verdauungszeit durch das falsche Futter auf etwa das Doppelte erhöht wird, kann es passieren, dass der Brei gärt und ausgast. Im günstigen Fall fängt der Hund an zu rülpsen und / oder einen stinkenden Atem zu entwickeln, im ungünstigsten Fall kommt es zur sauren Magendrehung. Das bedeutet, dass durch die Gasentwicklung im Futterbrei der Magen in Bewegung kommt und anfängt zu schwingen. Der Magen des Hundes liegt im unteren Bereich des Brustkorbs und ist je nach Körperbau dort relativ beweglich. Wenn er hin und her schwingt, kann passieren, dass er sich entweder nach oben oder seitlich um sich selbst dreht und damit alle Blutgefäße, die den Magen versorgen, die Speiseröhre und den Darm abdreht. Der Hund schwillt auf, wird unruhig, versucht zu trinken, erbricht sich sofort wieder und hat offensichtlich starke Schmerzen. Das könnte ebenso passieren, wenn ein Hund nach einer ausgiebigen Mahlzeit tobt und dadurch den Magen in Schwingung bringt. Dann spricht man von einer mechanischen Magendrehung.

Ob Ihr Hund dafür prädestiniert ist, hängt u.a. davon ab, ob er zu einer Rasse gehört, bei der Inzucht normal ist, wie groß er ist, denn je größer der Hund, umso größer die Gefahr der Magendrehung, und ob Sie Trockenfutter füttern. Hunde, die mit tiefem Brustkorb gezüchtet werden, neigen mehr dazu. Der Unterschied der sauren zur mechanischen Magendrehung ist nicht nur der Auslöser, sondern auch die Zeit, in der das nach einer Mahlzeit passiert. Eine mechanische erfolgt normalerweise maximal zwei Stunden danach, wenn der Hund sich mit vollem Magen zu viel bewegt. Eine saure kann aufgrund der verlängerten Verdauungszeit nach vielen Stunden erfolgen. Ich weiß von einem Fall, da hatte eine Dogge abends um 18 Uhr die letzte Mahlzeit eingenommen und um Mitternacht gingen die Symptome los. Da seine Besitzer das Problem nicht erkannten und erst früh um 7.00 Uhr in die Tierklinik aufbrachen, musste dieser Hund sterben: noch ehe sie die Klinik erreichten, war er tot.

Der Tod durch Magendrehung ist ein sehr jämmerlicher, elender. Durch die Abschnürung aller Gefäße vergiftet der Hund sich langsam aber sicher selber. Sollte ein Hund dieses Krankheitsbild zeigen, müssen Sie sofort den Notdienst anrufen, klären, ob er die Magendrehung behandeln kann, und wenn nicht, müssen Sie sofort mit einer Klinik Kontakt aufnehmen, die die Notoperation durchführen kann. Klären Sie das alles, bevor Sie losfahren, denn jetzt geht es um Minuten. Der Arzt muss schon für die Notoperation bereit sein. Die Gefahr, dass Ihr Hund das nicht überlebt oder an den Spätfolgen stirbt, ist sehr groß. Nehmen Sie diese Symptome nie auf die leichte Schulter, denn Ihr Hund erleidet wirklich schreckliche Schmerzen und im schlimmsten Fall einen qualvollen Tod.

Zum Glück für die Hunde sind mechanische Magendrehungen doch eher die Ausnahme. Die saure Magendrehung kommt durchaus öfter vor und es sind alle Hunde davon betroffen. Jeder, der einen großen Hund hat und jeder der Trockenfutter füttert, sollte Bescheid wissen und wissen, was im Notfall zu tun ist. Andere Erkrankungen sind auch nicht ohne, aber nicht ganz so dramatisch.

Ein weiteres, großes Problem ist, dass die starke Magensäure, die dem Hund ermöglicht, Parasiten abzutöten und Knochen zu verdauen, zu schwach wird. Also werden schwerverdauliche Teile wie Knochen schlecht verdaut und Knochenmahlzeiten können zu massiven Problemen führen. Leider denken viele Menschen, sie tun ihrem Hund etwas Gutes, wenn er ab und zu einen Knochen bekommt. Viele Hunde sind auch begeistert, nur plagen sie sich dann anschließend mit Verstopfung oder mit Erbrechen.

Wenn der Futterbrei schließlich im Darm angelangt ist, gehen die üblichen Verdauungsprobleme los, die – ich möchte sagen Gott sei Dank – auch uns Probleme bereiten und oft der Grund dafür sind, dass die Menschen sich bereit erklären, die Ernährung umzustellen. Die lange Verweildauer des Futterbreis im Darm, die schlechte Verdaulichkeit und die Schädigung der Darmflora sind die Gründe dafür, dass Gase entstehen, die sich dann als unfreundliche Gerüche bemerkbar machen. Zudem wird der Darm träge und verschlackt, auch das fördert die Gasbildung und damit auch das Pupsen. Wenn der Darm Ihres Hundes erstmal so kaputt ist, dass er pausenlos „ausgast", dann haben Sie nicht mehr viel Freude an Ihrem Bello, wenn er in geschlossenen Räumen in Ihrer Nähe ist.

Weil das Futter zum größten Teil für Hunde vollkommen unverdaulich und wertlos ist, bleibt bei dem langsamen Durchgang viel „hängen", der Darm verschlackt. Die Darmflora, die sowieso schon geschädigt wurde, kann dagegen nicht viel tun. Dafür siedeln sich jede Menge Bakterien, Einzeller, Pilze und Parasiten an, die den Körper nachhaltig schädigen. Ein interessantes Beispiel sind Giardien. Giardien sind Einzeller, die blutige Durchfälle erzeugen. Sie sind extrem schwer zu bekämpfen – außer man stellt den Hund auf Rohfütterung um. Warum ist das so? Weil Giardien sich von Kohlehydraten ernähren, sowie man keine mehr füttert, müssen sie verhungern.

Da Industriefutter ungeheure Kotmengen erzeugt, müssen die Hunde sehr oft Kot absetzen. Dieser Kot ist zudem meistens breiig, oft ist es regelrechter Durchfall. Durch den häufigen Kotabsatz und den Durchfall wird der Darm gereizt und die Analdrüsen werden nicht richtig entleert. Im schlimmsten Fall kann das bis zu Perianaltumoren führen, in der Regel bedeutet das, dass man ständig entzündete Analdrüsen hat, die beim Tierarzt ausgedrückt werden müssen. Leider sind Analdrüsenprobleme auch rassebedingt. Sollte das bei Ihrem Hund so sein, können Sie das durch eine vernünftige Fütterung aber auf alle Fälle lindern. Es wird nicht nur die Kotmenge deutlich reduziert, sondern der Kot wird auch fester und dadurch werden die Analdrüsen besser entleert.

Zudem sind Industriefutter-Hunde sehr magenempfindlich: sie dürfen keinen Schnee fressen, nicht aus Pfützen trinken, nicht mal eben leckere Hasenköttel fressen, im Nu haben sie Durchfall, der dann in der Regel mit Antibiotika behandelt wird. Trinken aus Pfützen oder als Ersatz Schnee fressen, Hasenköttel oder andere Hinterlassenschaft verzehren, gehört aber zum normalen Nahrungsrepertoire von Caniden. Was passiert, wenn Sie versuchen Ihrem Hund das „per Kommando" abzugewöhnen oder es ihm zu verbieten, besprechen wir noch.

3. Haut- und Fellprobleme

Bei dem Punkt „Allergien" haben wir schon gesehen, dass sich falsche Ernährung oft dadurch bemerkbar macht, dass die Hunde sich extrem viel kratzen und beißen. Besonders an den Zehen wird häufig gebissen, teilweise bis das Fell abgeht oder die Hunde bluten. Hotspots können sich bilden. Das sind Entzündungen in der Haut, die innerhalb weniger Stunden von einem winzigen Kratzer zu einer großflächigen, nässenden Wunde explodieren können und sehr schmerzhaft sind. Viele Hunde haben rote und entzündete Haut. Bei Hunden, die massiv unter den vergeblichen Entschlackungs- und Entgiftungsbemühungen ihres Körpers leiden, sind meistens die Innenseiten der Schenkel knallrot und oft auch sehr empfindlich bei Berührung, die Brust und die Schnauzengegend ist häufig stark betroffen und die Zehen und Fersen sind oft entzündet. Das Fell von Industriefutter-Hunden fühlt sich an, als wäre es dreckig. Fell, das laut Rassestandard fest sein soll, wird hart und glanzlos. Medikamente und Giftstoffe lagern sich in Haaren und Fell ab, deshalb kann man auch Drogen und andere Gifte in Haaren nachweisen.

Letztendlich zeigen alle diese Symptome nur, dass der Körper vollkommen mit für ihn giftigen Stoffen überschwemmt und überfordert ist, die er nicht mehr los wird. Also wird versucht, die Giftstoffe über die Haut auszustoßen. Da ständig Nachschub kommt, ist nie Schluss, deshalb können die Hotspots nur kurzfristig beseitigt werden, das Kratzen und Beißen kann nur für eine bestimmte Zeit unterdrückt werden und am Fell kann man gar nichts machen. Das ist dann eben so. Mit den vielbeschworenen Allergien hat das rein gar nichts zu tun. Umso mehr damit, dass der geschädigte Darm Schadstoffe nicht mehr ausscheidet, sondern in den Körper leitet, wo sie weiteren Schaden anrichten.

Bei weißen Hunden stellt man oft fest, dass sie nicht wirklich weiß, sondern eher grau oder gelblich gefärbt sind. Bei der Umstellung auf Rohfutter ändert sich das: die weißen Stellen werden wirklich weiß, farbige Platten werden deutlich abgegrenzter und sehen nicht mehr so grau aus.

4. Skelettprobleme

Lange Zeit dachte man, dass Krankheiten wie HD als Ursache auch falsche Ernährung haben. Das ist so nicht richtig. Denn HD ist tatsächlich erblich bedingt und kann durch Rohfütterung nicht beseitigt werden, aber man erreicht u.U. eine gewisse Linderung. Andere Skelettprobleme sind allerdings sehr wohl ernährungsbedingt. So kann es passieren, dass Mineralstoffe, die zu reichlich im Futter sind, nicht ausgeschieden, sondern gerade bei jungen Hunden in den Gelenken abgelagert werden. Durch ungleichmäßiges und zu schnelles Wachstum und schlecht ausgewogene Mineralstoffversorgung wird der Skelettaufbau geschädigt, Veränderungen in der Wirbelsäule und den Gelenken können die Folge sein und z.B. zu frühzeitiger Arthrose führen. Manchmal geht es bei jungen Hunden schon sehr bald los, dass sie mal hinten, mal vorne, mal rechts, mal links hinken. Es lässt sich einfach nicht eindeutig feststellen und der Tierarzt kann auch nicht wirklich klären, warum dieser Hund ab und zu hinkt. Wenn jetzt umgestellt wird, kann man noch einiges gut machen. Aber Knochen und Gelenke, die bereits massiv geschädigt wurden, sind nicht so ohne weiteres zu reparieren.

Eine sehr schmerzhafte Erkrankung ist die Spondilose, so bezeichnet man degenerative Veränderungen an der Wirbelsäule. Es wird vermutet, dass diese Erkrankung teilweise durch Veranlagung, also Vererbung, teilweise durch Industrienahrung entsteht. Dies gilt auch für ED (Ellbogengelenks-Dysplasie) und OCD (Osteochondris dissecans = zu schnelle Zellteilung der Gelenksknorpel bei jungen Hunden, dadurch verzögerte Verknöcherung und u.U. infolge Absterben von Knorpelteilung). Auf der Website des Deutschen Retrieverclubs (DRC) findet man folgende Aussagen:

„Während der vergangenen 15 bis 20 Jahre traten in zunehmender Häufigkeit Lahmheiten an den Vordergliedmaßen bei jungen Hunden großwüchsiger Rassen auf, die schon im jugendlichen Alter zur Entstehung degenerativer, arthrotischer Veränderungen an den betroffenen Gelenken führen. Hierbei war eine ständig wachsende Anzahl an Ellbogengelenkserkrankungen festzustellen, deren Differenzierung zunehmend exakter wurde. Für IPA, FCP und OCD sind genetische Dispositionen (ähnlich wie bei der Hüftgelenksdysplasie) nachgewiesen. Die Manifestation der Erkrankung oder ihr Schweregrad können durch eine Verbesserung der Haltungsbedingungen beeinflusst werden. Dazu gehören vor allem Fütterung und Bewegung. Wenn die Hunde älter als drei Monate sind, dürfen sie nicht „überfüttert" werden (zu hoher Gesamtenergiegehalt; Rohprotein sollte 22 bis 25% betragen), und das Zufüttern von Mineralstoff und/oder Vitaminpräparaten sollte, außer bei nachgewiesenen Mangelzuständen, unterbleiben." (http://www.drc.de/gesundheit/ellbogengelenksdysplasie)

Wie wir noch sehen werden, gibt es keine Fleischsorte, die 22-25% Rohprotein aufweist, außer Sie füttern reines Muskelfleisch von hochgezüchteten Fleischrindern. Auch bei einer naturnahen Zusammensetzung des Futters kann es zu einer Überfütterung mit Mineralstoff- und Vitaminpräparaten gar nicht kommen. Warum befasst sich der Deutsche Retreiverklub nicht mit Rohfütterung? Und was ist dann von den Futterempfehlungen der Züchter zu halten?

5. Augen und Ohren

Außer den Zehenspitzen gibt es noch zwei Körperpartien, die sehr früh und oft extrem von Entgiftungsversuchen des Körpers betroffen sind: Augen und Ohren. Fangen wir mit den Ohren an. Hundeohren sollten innen rosa sein und gut riechen. Wenn Ihr Hund viel Ohrenschmalz hat, das auch noch dunkel ist und merkwürdig riecht, dann versucht der Körper zu entgiften. Dreck in den Ohren bewirkt, dass sich Pilze und Milben ansiedeln, die man auch durch häufiges Saubermachen nicht wirklich bekämpfen kann. Ganz im Gegenteil reizt man dadurch die zarte Haut im Ohr noch mehr. Die Mittel, die es für Ohrreinigung gibt, können noch so sanft und mild sein: häufiger Gebrauch belastet das Ohr und macht es anfälliger für Parasiten, da sie entweder öl- oder alkoholhaltig sind.

An den Augen kleben bei vielen Hunden ständig Dreckklumpen. Das hängt zum Teil damit zusammen, dass sie viel Tränenflüssigkeit absondern, mit der Schadstoffe ausgeschieden werden, die dann im Fell hängen bleiben. Wir kennen das alle, dass auch wir nach dem Aufwachen „Sand" in den Augen haben. Das ist nicht weiter schlimm, wenn es tatsächlich nur ein bisschen Schlafsand ist. Sollten diese Klumpen ständig und in großen Mengen in den Winkeln hängen, ist auch dies ein deutliches Anzeichen für falsche Ernährung. Das Reiben an den Augen, um die Klumpen zu entfernen, reizt das Auge und die zarte Haut um das Auge. Zudem haben falsch gefütterte Hunde trübe und „matschige" Augen. Einer der Extremfälle aus meiner Hundeschule hatte immer eine trübe „Soße" am unteren Lidrand. Das verschwand augenblicklich mit der Umstellung.

6. Gewichtsprobleme

Fehlernährte Hunde sind entweder fett oder dürr. Normalgewichtige Hunde sieht man eher selten. Die Ursache dafür liegt darin, dass der Körper mit dem Nahrungsangebot nicht klar kommt. Bei fetten Hunden wird alles, was an Kohlehydraten daherkommt, in Fett umgewandelt und abgespeichert, weil die wenigsten Hunde die Möglichkeit haben, dieses Überangebot an Energie zu verwerten. Häufig wird dann angenommen, dass dieser Hund zu viel Fett mit dem Futter erhält und dass man dieses reduzieren muss. Also wählt man eine Sorte, die als Diätfutter angepriesen wird. Und was findet man in der Rezeptur? Noch mehr Kohlehydrate. Also nehmen die Hunde nicht nur nicht ab, sie nehmen teilweise sogar zu. Durch die Fehlversorgung sind diese Hund auch oft nicht sehr belastbar, und zwar nicht nur, weil sie zu viel Gewicht mit sich herum schleppen. Der Grund dafür ist, dass sie nicht das Futter bekommen, das sie brauchen: zu viel vom Falschen, zu wenig vom Richtigen. Vergleichen können Sie das mit Menschen, die permanent Energieriegel und -drinks zu sich nehmen, aber um jeden Apfel und jede Salatschüssel einen großen Bogen machen.

Während bei übergewichtigen Hunden jedem klar ist, dass hier was mit der Ernährung nicht stimmt, sehen das bei den dürren Hunden oft weder die Halter noch die Tierärzte. Leider steckt in vielen von uns das Idealbild eines anorektischen Hungerhakens, nicht das eines normalen Hundes. Wenn mir Kunden sagen, dass mit ihrem Hund alles ok sei, der Tierarzt habe auch gesagt, dass sein Gewicht in Ordnung ist, dann frage ich mich oft, warum man irgendwelchen angeblich objektiven Zahlen mehr traut als seinen Augen. Nein, es ist nicht normal, wenn man seinem Hund die Hand zwischen die Rippen legen kann und die Finger verschwinden. Es sollte einen schon misstrauisch machen, dass diese Hunde mehr Kot abzusetzen scheinen als das was sie fressen. Wenn aber mein Hund mehrfach täglich riesige Häufen absetzt, dabei klapperdürr ist und immer aussieht wie kurz vor dem Verhungern, dann sollte man sich ernsthaft Gedanken machen, ob was mit dem Futter nicht stimmt.

7. Nieren- und Leberschäden

Das Problem mit der Wasserversorgung wurde bereits ausführlich behandelt. Wenn ein Hund zu wenig trinkt, bzw. mit der Nahrung schon zu wenig Feuchtigkeit bekommt, dann sind Probleme mit den Nieren unausweichlich. Die Nieren reinigen das Blut von Schadstoffen und müssen gut durchgespült werden, sonst sind sie auf Dauer überfordert. Als ungefähre Regel, wie viel ein Hund trinken sollte, kann man sich merken: ca. 0,5 Liter je 15 Kilogramm Körpergewicht. Bei einem Hund von 15 Kilogramm würde die Futtermenge bei Rohfütterung ca. 500 g betragen, bei Trockenfutter je nach Hersteller zwischen 150 und 200 g. Er muss also zusätzlich mindestens 300 - 350 ml zusätzlich trinken, um nur auf ein vergleichbares Gewicht zu kommen. Um die tatsächliche Menge, die hier an Feuchtigkeit fehlt, auszugleichen, sollte er vermutlich ca. einen Liter zusätzlich trinken. Es mag Hunde geben, die das tun, aber viele Hundehalter berichten, dass ihre Hunde nicht wesentlich mehr trinken, als der Normalbedarf wäre. In der Regel gleichen die Hunde den Mehrbedarf also nicht aus. Dazu kommt, dass die Nieren mit Giftstoffen wie künstlichen Vitaminen, Zucker, Salz und allem möglichen, was als Zusatzstoffe und Geschmacksverstärker ins Futter gekippt wird, förmlich überschwemmt werden und das halten sie auf Dauer nicht aus. Durch diese Kombination werden sie nachhaltig geschädigt. Die schweren Nierenerkrankungen mit Todesfolge haben in den letzten Jahrzehnten bei Hunden extrem zugenommen.

Die Nieren sind zudem das „Stressorgan", hier werden Stresshormone erzeugt. Industriefutter fördert Stress und setzt die Stresstoleranz der Hunde erheblich herab. Das bedeutet, dass die Nieren zusätzlich durch die so entstehende Stressbelastung überfordert sind, Stresshormone erzeugen, die den Körper belasten, das Immunsystem schwächen und den Hund krank machen.

Die Leber ist aufgrund ihrer Aufgaben von großer Bedeutung, da sie lebenswichtige Aufgaben wahrnimmt:

- Verarbeitung und Speicherung von Kohlenhydraten, Fetten, Eiweißen, Mineralstoffen, Spurenelementen und Vitaminen
- Zerlegung der aufgenommenen Proteine in Aminosäuren
- Abbau und Ausscheidung von Schadstoffen
- Steuerung des Energie- und Hormonhaushaltes
- Produktion des Gallensaftes

Leider ist sie extrem belastbar und regeneriert sich bei kleineren Schädigungen von selbst wieder. Warum „leider"? Weil man nicht merkt, wenn die Leber überlastet ist und sobald sich Symptome bemerkbar machen, ist es häufig schon zu spät und die Leber ist irreversibel geschädigt.

8. Zähne

Ob man Zahnstein bekommt, ist auch genetisch bedingt, aber nicht nur. Um Ablagerungen auf den Zähnen zu vermeiden, müssen Hunde kauen: Fleischbrocken, Fellstücke, Hautfetzen, Knochen. Dadurch wird das Zahnfleisch massiert, die Zähne werden geputzt und der Magen wird angeregt: Achtung, gleich gibt's Arbeit! Bei Industriefutter, egal ob trocken oder aus der Dose, entfällt das Kauen komplett. Im günstigsten Fall, wenn die Pelletts nicht eingeweicht werden, kaut der Hund ein bisschen drauf rum und schluckt sie dann ab. Wenn sie eingeweicht wurden, schlingt er sie wie das Dosenfutter einfach runter. Beläge auf den Zähnen werden so natürlich nicht entfernt, noch wird das Zahnfleisch massiert.

Zudem ist Industriefutter allein durch den hohen Gehalt an Kohlehydraten immer zuckerhaltig, manche Hersteller fügen noch Zucker zu, das bedeutet, dass auf Dauer auch dadurch die Zähne angegriffen werden. Irgendwann entsteht Zahnstein, der meistens unter Narkose beim Tierarzt entfernt werden muss. Narkosen sollte man aber meiden wie der Teufel das Weihwasser, Behandlungen unter Narkose sollten absoluten Notfällen vorbehalten bleiben, und nicht bei einer Maßnahme angewendet werden, die durch vernünftige Fütterung ersatzlos entfällt. Zudem nützen sich die Zähne durch das zuckerhaltige Futter schneller ab als gewöhnlich und werden schneller stumpf.

9. Diabetes

Blutzucker kannte man vor einigen Jahren bei Hunden noch nicht. Durch die kohlehydrathaltigen Futtermittel, denen, wie bereits erwähnt, auch noch Zucker beigemischt wird, nimmt die Krankheit rapide zu. Verstärkt wird das noch durch Industrieleckerchen, die ebenfalls größtenteils zuckerhaltig sind.

10. Bauchspeicheldrüse (Pankreas)

Eine Bauchspeicheldrüsenentzündung kann beim Hund plötzlich oder chronisch auftreten. Die Bauchspeicheldrüse ist ein Organ im Oberbauch, das unter anderem Verdauungsenzyme produziert und freisetzt. Entzündet sich die Bauchspeicheldrüse, verdaut sich das Organ selbst. Die Symptome können unterschiedlich schwer oder leicht sein. Zu den Symptomen gehören Durchfall und Fieber, die Hunde erbrechen, sind matt, trocknen aus und haben Schmerzen im Bauch.

Bei tiermedinzinportal.de finden wir folgende Aussage: „Minderwertige durch Pilze verdorbene oder stark fetthaltige Futtermittel können Pankreatitiden auslösen. Einige Zusatzstoffe in Futtermitteln können zu allergischen Reaktionen führen, und durch Abwehreiweißkomplexe können Entzündungen im Gewebe ausgelöst werden." Auch hier wird wieder die viel geprüfte Allergie erwähnt. Tatsache ist, dass Pankreasinssuffizienz bei roh gefütterten Hunden so gut wie nicht auftritt, besonders wenn man auf eine gute Qualität der Zutaten achtet.

11. Parasiten

Parasiten sind ein normaler Bestandteil dieser Welt. Letztendlich kann man so gut wie alles und jeden als Parasit bezeichnen, weil jeder von anderen lebt, der Wolf von seiner Beute und die Kuh vom Gras. So unfreundlich wollen wir aber nicht sein. Deshalb verstehen wir unter „Parasit" ein Lebewesen, das schmarotzt, also kein Geben und Nehmen, sondern eine einseitige Ausbeutung des Wirtes durch den Parasiten. Wir unterscheiden Endoparasiten, die im Inneren des Hundes leben, und Ektoparasiten, die auf der Haut leben. Endoparasiten sind z.B. Band- oder Spulwürmer, aber auch Einzeller wie Kokzidien und Giardien oder Pilze leben als Parasiten im Magen-Darm-Trakt der Hunde und können schwere Krankheiten auslösen. Ektoparasiten sind Zecken, Flöhe, Milben und Läuse.

Warum sollte ein vernünftig ernährter Hund jetzt weniger unter Parasiten leiden als einer, der Industriefutter bekommt? Die Erklärung ist höchst einfach. Parasiten sind u.a. auch dazu da, einen bereits geschwächten Organismus so weit zu schwächen, dass er stirbt. Es fällt auf, das wildlebende Tiere bevor sie sterben, oft extremen Befall an Parasiten aufweisen, gesunde dagegen nicht. Ein starker, gesunder Organismus kann sich dagegen zur Wehr setzen, ein kranker nicht. Krankmachende Einzeller wie Giardien werden Sie bei roh gefütterten Hunden nicht finden, da sie sich von Kohlehydraten ernähren, die bei Industriefutter-Hunden in Mengen im Darm vorhanden sind. Mittlerweile wird als Therapie bei Giardien auch von Tierärzten, die für Trockenfutter sind, die Umstellung empfohlen. Und nach der Abheilung? Füttern wir da wieder die Pellets aus dem Sack? Mit Pilzen ist es ähnlich, auch sie benötigen eine Umgebung, in der sie sich wohlfühlen, und das ist eben bei einer kohlehydrathaltigen Ernährung gewährleistet.

Würmer profitieren besonders von einer schwachen Magensäure, denn in einem gesunden Magen mit 3,5%iger Salzsäure überleben sie nicht. Ebenso wirkt eine gesunde Darmflora wie eine Gesundheitspolizei, die dafür sorgt, dass Parasiten bekämpft werden, so dass sie sich gar nicht erst ansiedeln können. Ein permanenter und womöglich starker Wurmbefall wird mit Entwurmungsmitteln bekämpft. Ganz schlaue entwurmen ihre Hunde dann „prophylaktisch". Wie das funktionieren soll, ist mir ein Rätsel. Denn wie können sie Würmer bekämpfen, die noch gar nicht im Hund drin sind? Im Gegenteil, sie machen mit diesen Mitteln die Darmflora kaputt.

Denn dieses Zeug geht nicht durch den Darm und sagt: du bist gut, dich lass ich leben, du bist ein Wurm, du wirst gekillt. So läuft das nicht. Es wird alles vernichtet, was im Darm lebt. Nach einer Wurmkur sollten Sie eigentlich eine Darmsanierung machen. Macht aber keiner. Sowie ihr Hund aber an einem Mauseloch schnüffelt oder einen Floh knackt, kann er sich wieder infizieren. Durch das kaputte Darmmilieu siedeln sich die Parasiten leichter an und Sie treten eine Spirale los, aus der Sie nur schwer wieder heraus kommen.

Flöhe und Zecken, die unsere Hunde hauptsächlich plagen, gehen teilweise nach der Körpertemperatur, teilweise nach Körpergeruch oder Fellfarbe. Dunkle Hunde mit einem dichten und langen Fell haben automatisch immer mehr Probleme mit ihnen, da sie sie einfach „einsammeln". Die Frage, ob sie lange auf den Hunden bleiben und sich dort wohlfühlen, hängt allerdings stark davon ab, wie gut das Immunsystem des Hundes ist. Ja, auch gesunde Hunde, die roh gefüttert werden, können Flöhe und Zecken haben, die Frage ist weniger, ob sie welche bekommen, die Frage ist: wie leicht wird der Hund selber damit fertig und wie wohl fühlen sich die Parasiten auf dem Hund? Hunde, die vor der Umstellung mit Flohbissallergien oder schweren Entzündungen nach Zeckenbissen geplagt waren, werden nach der Umstellung damit leichter fertig und sie haben auch nachweislich weniger Flöhe und Zecken. Deshalb müssen sie auch weniger mit Spoton-Präparaten behandelt werden, das belastet das Immunsystem weniger und sie können sich den Chemiehammer für Notfälle aufbewahren.

12. Krebs

Krebs ist etwas, vor dem haben alle Angst wie der Teufel vor dem Weihwasser. Wenn man sich allerdings damit befasst, wie diese Krankheit entsteht, dann stellt man fest, dass man ihr nicht hilflos ausgeliefert ist. Um wachsen und gedeihen zu können, benötigen Krebszellen Zucker. Diesen Zucker bekommen sie frei Haus geliefert, wenn Sie Ihren Hund mit Trockenfutter füttern. Sowie Sie auf Rohfütterung umstellen und keine Kohlehydrate mehr füttern, stattdessen frische Kräuter und Fleisch, können Sie ernährungsbedingten Krebs so gut wie ausschalten. Selbstverständlich haben Krebserkrankungen auch andere Ursachen, z.B. Umweltgifte oder Veranlagung. Diese können Sie nicht vermeiden, aber die Folgen lindern.

13. Fazit

Wir haben jetzt eine lange Liste von gesundheitlichen Problemen abgearbeitet, die alle durch Industriefutter entstehen. Manche, wie die, die auf den im Futter enthaltenen Zucker zurück zu führen sind, betreffen sowohl Trocken- also auch Dosenfutter, andere wie die fehlende Feuchtigkeit nur das Trockenfutter. Die Liste ist noch lange nicht zu Ende, aber hier geht es nicht um Vollständigkeit. Jahrelange Erfahrung hat mich gelehrt, bei so gut wie allen Problemen mit Hunden auch die Ernährung zu hinterfragen, da hier sehr häufig eine der möglichen Ursachen liegt oder auch genetisch bedingte Erkrankungen gefördert werden.

Welpen füttern

Es gibt zunehmend Züchter, die nicht mehr zu 100% gegen Rohfütterung sind, sondern – für erwachsene Hunde – diese sogar anraten. Für Welpen empfehlen sie Industriefutter, mit dem schlagenden Argument: da ist alles drin, was er braucht. Gut, wenn Sie bis hierher gekommen sind, wissen Sie, was Sie davon halten müssen. Warum sollte ich erst einen Hund nachhaltig schädigen, um ihn dann irgendwie wieder gesund zu machen – wenn das dann überhaupt noch möglich ist? Da ist es doch klüger, gleich den richtigen Weg einzuschlagen.

Bei Welpen kommt noch etwas dazu: viele Züchter empfehlen selbst für ganz kleine Welpen mit 10 Wochen oder weniger mittlerweile max. drei Mahlzeiten täglich, teilweise auch nur zwei. Das hat schlimme Folgen. Der Hundemagen muss sehr flexibel sein. Wie wir im Kapitel „Wer frisst was?" gesehen haben, können erwachsene Beutetierfressern bei einer Mahlzeit große Mengen vertilgen. Sie können aber auch längere Fastenzeiten oder Zeiten mit wenig Nahrung überstehen. Dazu muss der Magen sehr flexibel sein. Das bedeutet, dass sich zum einen der Magen nach großer Beanspruchung wieder zusammenziehen muss und zum anderen müssen die Magenbänder, an denen der Magen aufgehängt ist, diese wechselnde Belastung mitmachen und sich ebenfalls zusammenziehen oder ausdehnen können. Wildcaniden nützen das flexible Volumen ihres Magens als Transportmöglichkeit, um ihren Welpen das Futter zu bringen. Das können bei Wölfen schon mal 15 Kilo sein, die sie über große Entfernungen im Magen transportieren. Für ihre Welpen ist das auch deshalb von Vorteil, weil sie vorverdaute Nahrung bekommen, die sie besser verwerten können.

Wenn der Welpe jetzt zu wenig und damit automatisch zu große Mahlzeiten bekommt, werden Magen und Magenbänder nicht richtig ausgebildet, d.h. sie sind nicht in der Lage, sich richtig auszudehnen und zusammenzuziehen. Das fördert die Tendenz zur Magendrehung. Zudem ist der kleine Organismus mit der angebotenen Nahrungsmenge überfordert. Häufig lassen die Welpen dann übrig, was sie nicht schaffen, und fressen einfach zu wenig. Die Folge kann sein, dass der kleine Kerl zu dünn ist, ständig Hunger hat und alles mögliche frisst, was er unterwegs so findet. Das finden Sie wiederum nicht gut und trainieren sofort, dass er nichts vom Boden aufnehmen darf. Wie wäre es, wenn Sie an der Ursache arbeiten und einfach die Anzahl der Portionen und damit die Menge erhöhen?

Ein weiteres Problem haben wir, wenn die Mutter Industriefutter bekommen hat, da bei der Geburt die Darmflora der Mutter auf die Jungen übertragen wird. Diese Darmflora ist geschädigt, deshalb muss sie bei Ihrem Welpen jetzt so gut wie möglich wieder genesen. Das bekommt man am besten mit einer anfangs ausschließlichen Fütterung von Pansen und Blättermagen hin, die am besten frisch gefüttert und vorher nicht eingefroren werden. Hier bekommt der kleine Hund die Enzyme und Fermente, die ihm fehlen. Solange man keine Knochen füttern kann, kann man Eierschalenkalk zugeben. Fett sollte auf keinen Fall fehlen. Dabei ist tierisches Fett immer vorzuziehen. Auch meine Kräutermischung (Kapitel „Die Umstellung ganz einfach) oder eine gute Kräutermischung aus dem Fachhandel kann man ab dem 3.-4. Monat zufügen, wenn sich die Darmflora gut reguliert hat.

Knochen sind sehr schwer verdaulich, deshalb sollte man den kleinen Hundemagen anfangs nicht damit belasten. Zum Trainieren der Zähne gibt man Pansen und Blättermagen am besten im Stück. Das macht auch mehr Spaß – also dem Hund, Ihnen vielleicht weniger, weil Sie ihn hinterher sauber machen müssen. Falls zu Ihrem und seinem Glück der Kleine bereits beim Züchter roh gefüttert wurde, können Sie ab der 12.-14. Woche weiche Knochen zufüttern, z.B. Hühnerschenkel oder Lammkotelett, auch Fisch im Ganzen eignet sich sehr gut. Bei vorgeschädigten Welpen warten Sie besser mindestens vier Monate nach der Umstellung mit der Knochenfütterung.

Fehlernährte Welpen erkennt man daran, dass sie nicht das typisch weiche, kuschelige Babyfell haben, und noch mehr als erwachsene Hunde fressen sie alles mögliche, was ihnen vor die Nase kommt: Rinde, Steine, Sand, Erde und alle möglichen Hinterlassenschaften von Hunden, Katzen, Wild. Sie sind verzweifelt auf der Suche nach der richtigen Nahrung und versuchen das zu kompensieren. Hier ist ein Training im Sinne von „lass das gefälligst liegen" nicht die Lösung. Die Lösung ist die Umstellung auf Rohfütterung.

Verwechseln Sie das bitte nicht mit dem generell großen Bedürfnis von Welpen alles mögliche zu zerkauen. Welpen müssen ihre Kauwerkzeuge trainieren und benötigen zudem im Zahnwechsel Kaumöglichkeiten, um das Jucken am Zahnfleisch zu lindern. Einem richtig ernährten Hundekind reichen dazu Holzklötze aus nicht splitterndem Holz, Zottel oder knorpelige Fleischstücke wie Kehlkopf. Ihre Schuhe müssen Sie natürlich auch bei roh gefütterten Welpen aufräumen, die sind für alle interessant. Achten Sie im Zahnwechsel gut darauf, was Ihr Hund braucht. Manche wollen jetzt eher weiche Nahrung, andere lieber feste.

Welpen müssen von Anfang an roh und mit der richtigen Menge an Mahlzeiten gefüttert werden:

bis zu 4 Monate 5x täglich
bis zu 6 Monate 4 x täglich
bis zu 9 Monate 3 x täglich,
und dann 1-2x täglich, je nachdem wie der Hund das möchte und braucht.

Anfangs sind die Portionen gleich groß, beim Wechsel verteilen Sie die Menge der wegfallenden Portion auf die anderen. Vergessen Sie auch nicht, die Menge an sein Wachstum anzupassen. Manche Hunde fressen bis zu einem Alter von neun Monaten so viel, dass einem himmelangst werden kann. Keine Sorge, Sie merken schon, wenn er weniger braucht. Sowie sein Wachstum im Prinzip abgeschlossen ist, wird er entweder einen Teil übrig lassen oder zunehmen. In beiden Fällen reduzieren Sie die Menge auf das richtige Maß.

Und lassen Sie ihn nie, nie, nie hungern. Eine weitere, moderne Unsitte ist es, die Welpen „großzuhungern". Wozu das gut sein soll, weiß kein Mensch. Denn wenn Sie Ihrem Kleinen zu wenig zu fressen geben, entwickelt er nicht nur Unarten wie alles Fressbare zu klauen oder vom Boden aufzunehmen, Sie haben auch gute Karten einen futteraggressiven Hund zu bekommen. Schließlich und endlich wird er nicht richtig und umfassend versorgt – nicht nur die Muskeln, Knochen, Sehnen und Organe, auch das Gehirn kann sich unter Umständen nicht richtig entwickeln. Das kann ernsthaft niemand wollen. Lassen Sie ihn fressen, bis er satt ist. Wenn Sie merken, er braucht mehr, dann geben Sie ihm mehr. Ihre Kinder würden Sie auch nicht hungern lassen. Sie werden schon früh genug feststellen, wenn er nicht mehr wächst, wieviel er täglich benötigt.

Selbstverständlich wollen Sie Ihrem Süßen auch Leckerchen geben. Dazu eignen sich alle fertigen Produkte, die einen hohen Fleischanteil haben und ohne (!) Konservierungsstoffe produziert werden. Das ist gerade bei Welpen enorm wichtig. Sie können aber auch Trockenpansen oder Dörrfleisch in kleine Stückchen schneiden oder getrocknete Lungenstückchen kaufen, die mittlerweile von vielen Herstellern als Trainingshappen angeboten werden. Selbst Wurst- oder Käsestückchen sind besser, als dieses bunte Zeug aus der Grabbelkiste, das in der Regel aus Getreideabfällen besteht und mit Geschmacksverstärkern aufgepeppt wird.

Haben Sie keine Angst davor, Ihren Welpen roh zu füttern. Nehmen Sie sich Zeit zur Information. Auch bei der Züchterauswahl sollte die Art der Fütterung eine wichtige Rolle spielen. Aber lassen Sie die Finger von allem Industriefutter, dann haben Sie lange Freude an Ihrem kleinen Kerl und die Tierarztbesuche reduzieren sich auf ein notwendiges Minimum.

Der alte Hund

Es gilt auch natürlich für alte Hunde, dass es ihnen wesentlich besser geht, wenn sie roh gefüttert werden. Wenn Sie Ihren Hund lebenslang roh gefüttert haben, ändert sich nicht viel. In der Regel haben diese Hunde bis ins hohe Alter gute Zähne und eine gute Verdauung. Allerdings müssen Sie berücksichtigen, dass er einen geringeren Kalorienbedarf hat und auch manche Dinge nicht mehr so gut verträgt. Es kann Ihnen passieren, dass er den bislang geliebten Pansen verschmäht, dafür umso lieber Blättermagen nimmt. Und auch wenn die Zähne noch so gut sind, sind sie abgenutzt und unter Umständen auch etwas empfindlicher. Deshalb sollten Sie auf die Fütterung zu harter Knochen verzichten und wie bei Welpen weiche Knochen und knorpelige Sachen wie Kehlkopf füttern. Wenn Sie Ihren Hund gut kennen, wissen Sie schon, was er gerne nimmt und was nicht.

Gerade im Alter ist es enorm wichtig, dass Sie auf eine gute Qualität achten. Da die Verdauung nicht mehr ganz so perfekt funktioniert, der Hund aber dringend mit allem gründlich versorgt werden muss, ist gute und frische Nahrung von enormer Bedeutung. Zusätzlich ist er auch nicht mehr so gut in der Lage, wie bisher mit 1-2 Mahlzeiten auszukommen. Unter Umständen empfiehlt es sich, wieder 3-4 kleinere Mahlzeiten anzubieten. Damit vermeiden Sie eine Überlastung der Verdauungsorgane.

Für alte Hunde bekommen die Mahlzeiten oft wieder eine enorme Bedeutung. Sie laufen nicht mehr so viel, liegen auch zuhause mehr herum, spielen nicht mehr oder deutlich weniger mit ihren Freunden und schlafen oder dösen sehr viel. Kleine Spaziergänge sind immer noch schön, aber das absolute Highlight ist das Fressen. Einer unserer Tierärzte meinte einmal: Fressen ist die Erotik des Alters. Da ist bei manch einem was dran.

Wir füttern unseren alten Hunden also in erste Linie alles, was sie gerne mögen, achten aber darauf, dass es leicht verdaulich und in der richtigen Menge gefüttert wird. Hochwertige, tierische Fette sind jetzt sehr wichtig, leicht verdauliche Kräuterzusätze und unter Umständen Eierschalenkalk, wenn er keine Knochen mehr fressen möchte oder kann. Da Knochen immer einen harten Kot machen, sollten Sie damit sowieso vorsichtig sein. Gerade das Kotabsetzen ist bei alten Hunden manchmal ein Problem, da die Hüften nicht mehr so fit sind, eventuell auch schmerzen und dadurch das Hinsetzen und Drücken nicht so einfach ist.

Wenn Sie einen alten Hund aus dem Tierschutz übernommen haben, sollten Sie zuerst beim Tierarzt evtl. gesundheitliche Probleme abklären lassen. Bei einer Umstellung müssen Sie sehr lange ausschließlich Blättermagen und dann sehr leicht verdauliche Fleischsorten wie Fisch und Geflügel füttern. Entgiftung und Entschlackung sind für alte Hunde auch wesentlich belastender, also sollten Sie ihn dabei dringend homöopathisch unterstützen. Sie benötigen deshalb auf alle Fälle jemanden, der sich gut auskennt mit Futterumstellung, und über gute Kenntnisse über alte Hunde verfügt.

Verhaltensprobleme durch falsche Fütterung

Wer ständig mit seiner Verdauung beschäftigt ist, ist leicht unkonzentriert, unfreundlich, überdreht oder apathisch, lernunwillig und unfähig sich zu konzentrieren. So ein Hund ist nicht sehr belastbar, da er ja schon durch seine Verdauung und mit seinem vergifteten Körper enorm belastet ist. Er gerät also viel leichter in Stress als ein vernünftig ernährter Hund. Auch die Gier nach allem Fressbaren wie nach Müll, der in der Gegend rumliegt, Steine lutschen, Baumrinde kauen, und ähnliches kann jeden Spaziergang für Mensch und Hund zur Tortur machen. Das ständige Schnappen nach Leckerchen oder permanentes Betteln, das sehr aufdringlich ausgeführt wird, trägt nicht dazu bei, dass man die Nähe seines Hundes als angenehm empfindet. Das größte Problem dabei ist, dass der Hund gründlich lernt, diese Verhaltensweisen auszuführen. Einige wollen wir uns näher ansehen.

In Extremfällen kommt es z.B. zu einer Fehlschaltung im Gehirn, die massive Verhaltensstörungen hervorrufen kann. James O'Heare weist in seinen Büchern darauf hin. Auch Vera Biber geht in ihrem Buch „Futterprobleme beim Hund" darauf ein. In meiner Hundeschule erlebe ich das seit Jahren immer wieder und es ist alles andere als angenehm, weder für die Hunde, noch für ihre Besitzer noch für mich als Trainerin. Die große Gefahr ist dann, dass der Trainer am Verhalten arbeitet, während gleichzeitig die Ernährung umgestellt werden müsste, da der Hund sich durch eine Fehlsteuerung nicht wie erwünscht verhält. Sehr schnell wird eine schlimme Spirale losgetreten, bei der Hund nicht nur immer wieder unerwünschtes Verhalten zeigt, sondern auch noch lernt, ein durch falsche Ernährung verursachtes Verhalten perfekt auszuführen.

Zum dem, was wir „Problemverhalten" nennen, gehören sehr viele verschiedene Aspekte. Ernährung, die den Hund krank macht, ist einer davon. Nach meiner Überzeugung wird dieser Punkt nicht nur von den Haltern, sondern auch von vielen Hundetrainern stark unterschätzt. Trotzdem ist sogenanntes Problemverhalten nur in den seltensten Fällen auf eine Ursache oder einen Auslöser allein zurückzuführen. Es ist allerdings wesentlich leichter an einem Verhalten zu arbeiten, wenn der Hund gesund und gut ernährt ist. Es wäre aber ein Irrglaube anzunehmen, dass ein roh gefütterter Hund per se brav und folgsam ist und nicht konsequent erzogen werden müsste.

1. Dreck fressen

Eigentlich müsste dieser Punkt unter „Krankheiten durch Industriefutter" stehen, denn das ist nichts anderes, als das ständige Suchen nach der richtigen Nahrung. Es gibt Rassen, dazu gehören besonders Jagdhunderassen, die sind ständig hungrig. Man kriegt einen Beagle auch dick und fett mit gutem, gesundem Frischfleisch. Diese Hunde nehmen eher als andere irgendwelche Leckereien vom Boden auf, aber auch bei ihnen weist das auf einen Nährstoffmangel hin.

Was Hunde auf ihrer verzweifelten Suche nach der richtigen Nahrung so alles in sich hinein stopfen, ist unglaublich, sagt aber viel darüber aus, was ihnen fehlt. Wenn Ihr Bello sich an Fäkalien von Vegetariern gütlich tut, ist das kein Problem, nur wir finden das ekelig. Schwierig wird es dann, wenn er seinen eigenen Kot oder den anderer Hunde und Katzen frisst. Das kann auf Parasitenbefall (Kokzidien) hinweisen, bzw. er kann sich hier infizieren. Hunde, die Fertigfutter kennen, sprechen leider auf die Geschmacksverstärker an, die mit dem Kot ausgeschieden werden. Natürlich sollte man versuchen, das zu unterbinden. Aber leider muss man damit leben, dass das nicht immer gelingt.

Warum fressen Hunde Kot? Hunde sind Aasfresser und fressen auch die Hinterlassenschaften anderer Tiere. Wenn es sich um Vegetarierkot handelt, ist das kein Problem, wenn es sich um menschlichen Kot oder den von Beutetierfressern handelt, kann es eines werden, denn hier können sie sich mit allen möglichen Krankheiten und Parasiten infizieren. Wenn ein Hund richtig versorgt ist, dann wird sich das auf ein Minimum reduzieren und er beschränkt sich tatsächlich auf Hasenköttel und ähnliches. Wenn er jeden Kot, auch den eigenen aufnimmt, dann kann das verschiedene Ursachen haben:

- ihm fehlen wegen seiner kaputten Darmflora Verdauungsenzyme und -fermente, die er hier sucht
- durch das denaturierte Eiweiß, das noch dazu ein Gemisch auch pflanzlichem und tierischem Eiweiß ist, und in der Regel viel zu gering im Futter vorhanden ist, sucht er das im Kot vorhandene Resteiweiß
- manche Hunde, die selber Fertigfutter bekommen, sprechen auf die Geschmacksverstärker an, die mit dem Kot ausgeschieden werden.

Alle drei Ursachen bekommen Sie in den Griff, wenn Sie auf Rohfütterung umstellen.

Rinde und Steine werden vor allem von Welpen gerne benagt und leider auch verschluckt. Das weist auf Mineralstoffmangel und ein großes, unbefriedigtes Kaubedürfnis hin. Steine, die abgeschluckt werden, sind richtig gefährlich. Das ist der Grund, warum viele Hundehalter versuchen, das mit allen Mitteln zu unterbinden. Um da wirklich erfolgreich zu sein, müssten Sie schon irgendwo hinziehen, wo keine Steine vorkommen. Gibt es so einen Ort auf Erden? Vielleicht am Polarkreis oder in der Wüste, aber in Mitteleuropa kann ich mir das nicht vorstellen.

Die Schwierigkeit dabei ist, dass diese „Marotten" nicht als Nährstoffmangel sondern als Verhaltensstörung gehandelt werden. Da reichen dann die „Erziehungs"tipps von „nimm's ihm weg, egal wie, notfalls mit Gewalt" bis zu „das gibt sich schon wieder". Ich kann Ihnen versichern, egal was Sie machen, wenn Sie ihn weiterhin mit Industriefutter vollstopfen, gibt sich gar nix. Und falls Sie denken, dass Sie ihn mit Leckerchen oder Gewaltmaßnahmen dazu bringen können, das sein zu lassen, dann bekommen Sie ernsthafte Probleme.

Beute abgeben ist ein wichtiger Punkt in der Grunderziehung bei Welpen. Das macht man ganz behutsam, so dass der Kleine anfangs immer zurückbekommt, was er abgegeben hat. Sie möchten aber, dass er die Steine, den Kot und die Rinde ganz links liegen lässt. Sie können ihm das also nicht wiedergeben, und da es für ihn die Erfüllung eines Grundbedürfnisses ist, wird er irgendwann sagen: „Frauchen / Herrchen steht mit den Leckerchen später immer noch da, jetzt verspeise ich erstmal die Katzenkacke." Wenn Sie dann versuchen, ihm das abzujagen, wird er sich angewöhnen, sich schnellstmöglich aus dem Staub zu machen, sobald Sie im Anmarsch sind. Zudem wird er irgendwann seine Beute gegen Sie verteidigen. Echte Verhaltensprobleme sind dann also vorprogrammiert. Die Ursache liegt aber nicht in der Aufsässigkeit dieses dominanten Köters, sondern beim falschen Futter, das ihn eben nicht mit allem versorgt, was er braucht.

2. Stress

Stress ist etwas, das niemand vermeiden kann und das man auch nie ganz vermeiden sollte. Der Aufbau von Stressresistenzen im Alltag ist absolut notwendig und erforderlich. Nur wird leider ein Stressor immer wieder übersehen, gegen den kein Hund resistent werden kann: Industriefutter.

Zunächst entsteht Stress durch eine Anforderung, die der Hund nicht ohne weiteres bewältigen kann. Das kann ein Kommando sein, das er nicht kennt, die Begegnung mit anderen Hunden, das erste Zusammentreffen mit so aufregenden Dingen wie Autos oder Kuhherden, das kann aber auch eine Aufgabe sein, die so schwer ist und unter so aufregenden Bedingungen gestellt wird, dass der Hund sie unmöglich lösen kann. Resistenzen kann er nur aufbauen, wenn er lernt, Strategien zu entwickeln, durch die er aus der Situation gut herauskommt und sogar Freude daran findet, neue Aufgaben zu lösen: ein einfaches Abrufen ohne Ablenkung ist nett, aber noch toller wird die Belohnung, wenn Bello sich von einem anderen Hund abrufen lässt, auch wenn es schwierig und damit etwas stressig ist.

Wir sprechen also von Stressauslösern, die durch die Umwelt bedingt sind. Der Hund kann lernen, bei richtigem Heranführen durch seinen Menschen, damit klar zu kommen, Spaß daran zu haben oder die Probleme zu bewältigen. Stress kann aber auch Auslöser haben, die der Hund durch Strategien nicht bewältigen kann, z.B. indem er ausschließlich industriell gefertigtes Futter bekommt, das Dinge enthält, die nicht als geeignete Nahrung für Hunde zu bezeichnen sind: Getreide, künstliche Vitamine, Unmengen an Mineralstoffen, Abfallprodukte aus der Lebensmittelindustrie, Zucker.

Falsche Ernährung erzeugt unweigerlich in irgendeiner Form gesundheitliche Probleme. Fehlernährte Hunde leiden unter Blähungen, Durchfall, häufigem Kotabsatz, Entzündungen im Magen-Darm-Bereich, Analdrüsenproblemen, Gewichtsproblemen, Haut- und Fellproblemen wie Allergien, Juckreiz, Schuppen, Hot Spots und dergleichen mehr. Wer aber mit seiner Verdauung und seiner Haut beschäftigt ist, weil ständig Aufmerksamkeit erforderlich wird durch Kratzen, Platz für den Haufen suchen, Popo sauber machen, wer sich nicht wohl fühlt, weil er Bauchweh hat, sich dadurch unbehaglich fühlt, evtl. Schmerzen hat, der kann sich auf die von der Umwelt gestellten Anforderungen nicht konzentrieren und kann sie auch nicht zu seiner und der anderen Zufriedenheit lösen. Von der Bewältigung schwieriger Probleme wollen wir mal gar nicht reden. Zudem wirken viele der Bestandteile im Körper der Hundes wie Gift, entweder weil sie den Magen-Darm-Trakt mit unverdaulichen Bestandteilen überfordern und verschlacken oder weil sie tatsächlich giftig für Hunde sind.

In ihrem Buch „Futterprobleme beim Hund" erklärt Vera Biber sehr gut, wie durch die falsche Ernährung auch die Gier nach Fressen, z.B. nach Leckerchen gesteigert wird. Auch das ist ein Problem, vor das sich viele Besitzer gestellt sehen. Sie möchten ihren Hund mit einem Leckerchen aus dem Tierbedarfshandel belohnen, tun das aber nicht gerne, weil er immer schnappt wie ein Piranha und nie genug bekommen kann.

Die „harmlosen" Verhaltensprobleme sind: wie ein Müllschlucker durch die Gegend laufen und alles fressen, was rumliegt oder eben jeden um Leckerchen anbetteln. Das tun auch manche Hunde, die gesund ernährt werden, wenn auch nicht so extrem. Schlimmer wird es schon, wenn ein Hund so beschäftigt ist mit seiner Verdauung, dass er de facto unerziehbar wird. Bei „normalem" Stress erfolgt eine Hormonausschüttung, die innerhalb einer bestimmten Zeit abgebaut werden kann, bzw. soll. Wie soll aber ein Hund eine Hormonausschüttung bewältigen und abbauen, deren Ursache durch falsche Fütterung verstärkt wird? Zusätzlich befindet sich der Hund ständig auf der Suche nach richtiger Nahrung und wird dadurch, dass er nie fündig wird, ebenfalls stark unter Stress gestellt. Auch wenn seine Menschen mit ihm schimpfen, weil er zu gierig schnappt oder jeden Dreck aufnimmt, wirkt sich das nicht wirklich entspannend auf sein Leben aus.

3. Hyperaktivität

Manche Hunde bringt man kaum zur Ruhe. Ständig sind sie aktiv, fordern Beschäftigung, selbst nach anstrengenden Trainings oder langen Wanderungen sind sie sofort bereit, aufzuspringen und aktiv zu werden. Die Ursache kann in der Rassezugehörigkeit liegen, so sind Terrier quirliger als Möpse. Sie kann in der Erziehung und im Umgang liegen. Viele Menschen überfordern ihre Hunde von Anfang an mit extremen Aktivitäten, zu langen Spaziergängen im Welpenalter, zu wenig Ruhe und sie bringen ihren Hunden nicht bei, dass es auch mal Pausen gibt.

Aber eine wichtige Ursache ist auch das kohlehydrathaltige Fertigfutter. Fett dient zum Aufbau von Langzeitenergiereserven, Kohlehydrate dagegen geben Schnellenergie. Was isst der Marathonläufer vor dem Marathonlauf? Nudeln, Nudeln, Nudeln, bis sie ihm bei den Ohren rauskommen. Warum? Weil er dann die ganze Strecke durchhält und die Energie auch abgebaut wird. Was fressen die wilden Verwandten unserer Hunde? Keine Nudeln, sondern die Tiere, die sie erbeutet haben, und die ernähren sich größtenteils nicht von Getreide, sondern von Grünpflanzen. Der Kohlehydratanteil in ihrem Fressen ist also minimal.

Auch auf die Gefahr hin, dass ich mich wiederhole: Stärke ist zuständig für schnell verfügbare Energie, das zeigt das Beispiel des Marathonläufers deutlich. Hunde brauchen das nicht, sie nehmen die benötigte Energie aus ihren Fettreserven. Bei kohlehydratreicher Nahrung neigen sie durch den Energieüberschuss zu Hyperaktivität, die auch durch noch so viel „Auslastung" nicht abgebaut werden kann. Ganz im Gegenteil. Dadurch erhöht sich der Stresspegel, die Hunde werden also immer nervöser und unruhiger.

Ja, es stimmt, Hunde kommen normalerweise mit stärkehaltiger Nahrung besser zurecht als Wölfe oder Füchse, aber das bedeutet nicht, dass man sie damit ausschließlich ernähren könnte. Immer wieder hört man Sachen wie: diese Rasse wurde früher nur mit Brot ernährt. Von Herdenschutzhunden liest man das häufig. Es ist durchaus denkbar, dass Hirtenvölker ihren Hunden nur Brot- und Essensreste geben, aber kein Hirte in Anatolien hat ein Problem damit, wenn sein Hund Mäuse ausbuddelt oder nebenbei ein Kaninchen oder Reh erlegt. Im Gegenteil, so ist die vernünftige Ernährung seines Hundes gewährleistet und er spart Geld. Auch Fehlgeburten verstorbener Schafe, Ziegen oder Rinder und Schlachtabfälle, die die Hirten selber nicht mehr essen können, werden sehr wohl an die Hunde verfüttert. Das machen auch Schäfer in Mitteleuropa so.

Um Hyperaktivität zu vermeiden, sollte man einerseits den richtigen Umgang mit seinem Hund pflegen, andererseits aber auch das richtige füttern. Dazu muss man den Stärkeanteil im Futter auf ein absolutes Minimum reduzieren. Parallel sollte aber immer auch ein Training zur Stressreduzierung erfolgen.

Anzeichen erkennen an praktischen Beispielen

Ehe wir dazu kommen, wie man die Umstellung durchführt, möchte ich hier einige Beispiele aufführen, die Ihnen das vorher Gesagte verdeutlichen.

Dasko: Das Drama mit den Wurmkuren

Dasko

Dasko ist ein mittlerweile zehn ☺ Jahre alter Großer Weißer Schweizer Schäferhund, der seit seiner neunten Woche bei seiner Halterin lebt. Er wurde mit teurem Trockenfutter aufgezogen und hatte sehr zum Leidwesen seiner Menschen permanent Durchfall und Würmer. Wenn er wieder eine Futtersorte nicht vertrug, wurde diese gewechselt, zudem wurden der Durchfall und die Würmer beim Tierarzt behandelt. In dem geschädigten Darm siedelten sich nur zu leicht Parasiten an, also bekam er alle paar Wochen Wurmkuren verabreicht. Falls er gerade mal keinen futterbedingten Durchfall hatte, kam der jetzt durch die Wurmkur.

Nach ca. einem Jahr wurde er endlich umgestellt auf teilweise Rohfütterung in Kombination mit kaltgepresstem Trockenfutter. Es ging ihm sofort besser. Ganz allmählich ließ sich seine Halterin von mir überzeugen, dass er ohne dieses Trockenfutter auch sehr gut klar kommt. Heute bekommt er nur noch Fleisch mit einer Gemüse-Obst-Mischung und es geht ihm sehr gut. Er hat schon lange keine Probleme mit Durchfall mehr und die ständigen Wurmkuren entfallen, weil er keine Würmer mehr hat. Sein Vater wurde nur sechs Jahre alt und von seinen Geschwistern lebt keins mehr.

Loni: Substanzverlust

Loni

Unsere Kromfohrländerhündin wurde beim Züchter mit einem Trockenfutter aufgezogen, das sie wie alle Züchter sehr günstig bekam. Als wir sie übernahmen, hieß es, sie sei kaufaul, weil sie schlecht fraß. Bei uns wurde sie auf unsere damals übliche Mischung aus gekochtem Fleisch, Gemüse und Kartoffeln umgestellt, das ihr anfangs auch schmeckte. Nur hatten wir den Eindruck, dass sie ständig anderes Futter haben wollte. Wir versuchten es mit Dosenfutter, das ging ein paar Tage gut, dann wieder Selbstgekochtes. Zu Zeiten von Zahnwechsel oder wenn viel Aufregendes passierte, konnte es schon sein, dass sie ein bis zwei Tage so gut wie nichts fraß. Sie nahm natürlich kaum zu und war sehr empfindlich. Als sie ein halbes Jahr alt war, stellten wir um auf Rohfütterung mit gekochtem Gemüse und Kartoffeln. Und – Überraschung – von diesem Tag an gab es keine Probleme mehr, sie fraß alles, was im Napf war und gedieh deutlich besser.

Trotzdem hatte sie sehr dünnes Fell und war nach wie vor anfällig für Parasiten und Krankheiten. Nachdem wir von Oberbayern in die Uckermark gezogen waren, bekam sie wie aus heiterem Himmel Kotz- und Durchfallattacken, die anfangs alle 6 Monate auftraten. Schließlich war der Abstand nur noch 4-6 Wochen. Die sehr teuren Behandlungen beim Tierarzt brachten überhaupt nichts und wir hatten Angst, dass wir sie bald verlieren würden. Zu unserem Glück fanden wir in Berlin eine sehr gute Tierheilpraktikerin, die alles wieder ins Lot brachte. In den nächsten 4 Jahren ging es ihr sehr gut. Sie war bei jedem Wetter draußen, wir stellten das Futter auf getreidefrei und rohen Obst-Kräuterbrei um und auch die notwendigen medizinischen Behandlungen wurden so weit es irgend möglich war homöopathisch durchgeführt.

Die Narkose, die sie bei einer Patellaoperation, bzw. der Kastration bekommen hatte, vertrug sie sehr schlecht. Das führte die Tierheilpraktikerin auf eine Leberfunktionsstörung zurück. Wir wussten, dass ihre Mutter das ebenfalls gehabt hatte. Als sie sieben Jahre alt war, wurden ihre Schneidezähne wackelig und verfaulten ihr förmlich im Maul. Zuerst mussten wir die unteren und schließlich auch die oberen entfernen lassen. Die Narkose, die jedes mal notwendig war, war dabei das größte Problem, da sie bis zu einer Woche brauchte, um die Medikamente zu verstoffwechseln und auszuscheiden. Im Alter von zehn Jahren bekam sie epileptische Anfälle und im Anschluss daran und infolge des Todes ihres langjährigen Hundepartners massive Herzprobleme.

Erst kurz vor ihrem Tod begann ich so füttern, wie ich es heute noch tue: täglich Pansen, der möglichst nicht eingefroren und einfach gelagert wird, bis er es verspeist ist, zudem in die morgendliche Fleischportion eine Kräutermischung, die ganz unkompliziert herstellbar ist. Trotz ihrer massiven Herzprobleme blühte sie noch einmal richtig auf.

Warum beschreibe ich das so ausführlich? Weil eine der Ursachen für ihre Probleme in der massiven Inzucht bei dieser Rasse und damit vererbte Krankheiten waren. Die große Schwierigkeit besteht jetzt darin, festzustellen, ob die Stoffwechselprobleme (Leberfunktionsstörung) erworben war, weil auch ihre Mutter schon Fertigfutter bekommen hatte und die Welpen die kaputte Darmflora von der Mutter bei der Geburt übertragen bekommen, die durch das ungeeignete Futter bis zu einem Alter von sechs Monaten nicht repariert werden konnte. Oder ob das tatsächlich genetische, sprich vererbte, inzuchtbedingte Probleme waren.

Tatsache ist: da wir diese Hündin roh gefüttert haben und in Kombination dazu die gute Versorgung durch eine sehr fähige Tierheilpraktikerin hatten und schließlich noch die Möglichkeit hatten, sie so oft möglich stundenlang neben den Spaziergängen im Freien zu lassen, konnte sie mit Sicherheit ein deutlich längeres, gesundes Leben genießen. Mit jeder einzelnen Stufe wurde sie gesünder. Trotzdem konnten wir weder die Probleme mit den Zähnen, noch die Epilepsie, noch die Herzinsuffizienz verhindern. Wir konnten es nur lindern.

Als ich die Züchterin auf Lonis Problematik ansprach, war ihre lakonische Antwort: „Der Vater war schlechtes Ausgangsmaterial. Die Mutter konnte es nicht sein, die war schließlich mal Weltsieger geworden. Mit so was muss man leben, das ist eben Substanzverlust."

Merle oder Miss Piggy

Merle

Merle ist eine bildschöne Border Colliedame, die mit 10 Wochen aussah, wie ein Marshmallow mit Flusen. Beim Züchter – oder besser Vermehrer – hieß sie Miss Piggy, weil sie so aufgequollen und rot war. Ihr Fell war so schlecht, dass man überall am Körper die Haut sehen konnte. Sie kratzte sich und hatte eine starke Neigung zu Durchfällen. Zudem roch sie sehr intensiv und sehr unangenehm. Beim Tierarzt war sie mit Cortison behandelt worden, das half kurzfristig, aber nicht wirklich.

Nach der Umstellung wurde sie rank und schlank, ihr Fell wuchs nach und wurde dick und glänzend. Was ihr allerdings geblieben ist, ist eine Unverträglichkeit gegen viele Medikamente und – tatsächliche – Allergien gegen alle möglichen Futterzusätze. Man muss sich also gut überlegen, was man ihr füttert. Zudem hat sie eine Herzschwäche, die angeboren oder durch die schlechte Aufzucht erworben sein kann. Dadurch werden Operationen so gut wie unmöglich.

Maxl: Immer in Aktion

Maxl

Am 11. April 2013 zog Maxl, ein Dackel-Terriermix aus Berlin bei uns ein. Er war damals zweieinhalb Jahre alt und lebte seit dem Welpenalter bei einer alten Dame. Abgabegrund war: sie kam mit ihm nicht klar, weil er ständig in Aktion war. Beim Spaziergehen zog er wie die Seuche, im Freilauf rannte er wie ein Irrer durch die Gegend und die alte Dame war vollkommen mit ihm überfordert. Zuhause war er sehr unruhig und bei jeder Gelegenheit völlig aus dem Häuschen. Weil man ihn gar nicht „kaputt" kriegen konnte, hatten sich die Kinder der alten Dame ausgedacht, ihn immer mal wieder mit Reizangeltraining und extremen Ballspielen (Ballschleuder) auszupowern. Die Ursachen für seine extreme Hyperaktivität konnte man an drei Punkten festmachen:

1. Weil die alte Dame sein Gezerre nicht aushielt, ging sie nur dreimal täglich mit ihm raus und das auch nur kurz. Ab und zu fand sich eine freund-

liche Seele, die mit ihm ging, aber das war wegen seinem Leinengezerre für keinen lustig. Er hatte also zu wenig Bewegung und geistige Anregung.

2. Durch das Reizangeltraining und die Ballspiele war er extrem gestresst, litt unter einer geringen Frustrationstoleranz und hatte Null Impulskontrolle.

3. Er wurde mit einem extrem kohlehydratreichen Trockenfutter gefüttert, mit jeder Menge Leckerchen vollgestopft und vermutlich auch mit Eis und Schokolade. Das hatte zur Folge, dass er fett wie ein Wanze war, der kleine Hund wog bei der Übergabe 16 Kilo, hatte aber schon zwei Kilo abgespeckt. Und natürlich war sein Körper mit dieser Überschwemmung von Kohlehydraten = Schnellenergie vollkommen überfordert. Einiges wurde als Fett abgelagert, aber seine Hyperaktivität hatte natürlich auch da ihre Ursache.

Er ist ein sehr lebhafter Hund, der gerne rennt und läuft. Allein die Tatsache, dass er bei uns genügend Auslauf hat und an seinem Stress und der Impulskontrolle gearbeitet wurde, besserte einiges sehr schnell. Aber er hatte auch massive Probleme mit der Verdauung. Es dauerte fast ein Jahr, bis wir das im Griff hatten, obwohl die Umstellung ab dem zweiten Tag bei uns erfolgte.

Im ersten Sommer hatte er massiv Probleme mit Zecken. Wir hatten das Gefühl, sie würden ihn regelrecht suchen, und an jeder Ansaugstelle entstand eine Entzündung, die auch nach der schnellen Entfernung tagelang zu sehen war. Zudem hatte er Giardienzysten im Kot und immer wieder mal weichen Kot, der manchmal auch zum Durchfall wurde. Die Giardien verschwanden sehr schnell auf Nimmerwiedersehen. Rank und schlank ist er mittlerweile natürlich auch, er wiegt jetzt ca. 12,5 Kilo.

Im zweiten Sommer hatte er so gut wie keine Zecken mehr, und wenn welche andockten, konnte man die Saugstelle wenige Minuten nach dem Entfernen kaum noch finden. Als eine seiner Hundefreundinnen ihn besuchte und Flöhe einschleppte, fanden wir auf ihm weder Flöhe noch Bisse. Er ist immer noch lebhaft, hat aber eine hervorragende Impulskontrolle, seine Frustrationstoleranz ist gut und seine Stressresistenz ebenfalls. Das ist die Folge einer Kombination von Training und Futterumstellung.

Allerdings hat er eine Baustelle, die wir nicht hinkriegen: sowie er auch nur ein kleines Stückchen gekochte Kartoffel oder etwas ähnliches wie Panade erwischt, kotzt der arme Kerl sich die Seele aus dem Leib. Er frisst vorher Unmengen Gras, das er dann wieder auswürgt, frisst wieder Gras, würgt es aus .... bis alles draußen ist. Er liebt Kartoffeln über alles und mein Mann würde ihm gerne ab und zu ein Stückchen geben. Ebenso bekommt er manchmal auch ein Stückchen Fleisch vom Tisch. Aber Kartoffeln und Panade sind selbst als seltenste Leckereien absolut tabu, da er so etwas überhaupt nicht verträgt. Das ist vergleichbar mit einem Alkoholiker, der nicht mal mehr eine Schnapspraline essen darf.

Arielle: Das Jammerbild

Arielle

Diese Hündin war der Anlass, dem Thema Ernährung in der Hundeschule mehr Gewicht zu verleihen.

Im November 2006 kam eine Dame mit einer Ridgeback-Hündin zu mir, die massive Probleme mit der Verdauung hatte. Arielle war zu diesem Zeitpunkt 14 Monate alt und wog 24 kg. Ich erschrak, als sie aus dem Auto ausstieg, da sie einfach jämmerlich aussah: zaundürr, die Rippen standen raus, ihr Rücken war ganz verkrümmt vor Bauchweh, und Arielles Gesichtsausdruck war nur schlimm: große, traurige Augen in einem viel zu mageren, kleinen Gesicht. Die Hündin hatte zu diesem Zeitpunkt seit 8 (acht!) Monaten jeden Tag ca. alle zwei Stunden Durchfall. Und wenn hier „Durchfall" steht, dann ist das auch so gemeint. In meinen Augen war es das reinste Wunder, dass sie überhaupt noch lebte. Was Frau L. bis dahin an unterschiedlichen Futtersorten ausprobiert hatte, wie viele Tierarztbesuche erfolgt waren, das kann man nur erahnen. Der zuletzt behandelnde Tierarzt hatte jedenfalls die Waffen gestreckt und war vermutlich überzeugt, dass er die Hündin bald zum letzten Mal in der Praxis haben würde.

Frau L. hatte in ihrer Verzweiflung angefangen, Arielle mit gekochtem Pferdefleisch zu füttern, das funktionierte insofern, dass sie nur noch alle 3 (drei) Stunden einen Haufen machte, und der war hin und wieder schon nicht mehr ganz so dünn. Man ist einfach sprachlos, was man alles als Fortschritt hinnimmt, wenn man in so einem Drama drinsteckt. Tatsache ist: während des Erstgesprächs, das ca. zweieinhalb Stunden dauerte, setzte sich Arielle mindestens 4x hin, da der Termin so anstrengend und stressbeladen für sie war, dass sie sofort wieder Durchfall bekam. Und genau das war der Grund, warum Frau L. zu mir gekommen war: Arielle war de facto unerziehbar, denn wie soll man einen Hund erziehen:

- der nie ausgeschlafen hat, weil er Tag und Nacht alle zwei Stunden Durchfall hat
- der vor lauter Elend oft so apathisch ist, dass man froh ist, wenn man ihn überhaupt vor die Haustür bringt
- der ernsthaft geschont werden muss, weil jede minimale Anforderung den Hund so unter Stress stellt, dass er sofort wieder Durchfall bekommt und damit alle teuren, tierärztlichen Bemühungen zunichte macht,
- wegen dem bereits eine Ehekrise ins Haus steht, weil Herrchen nicht akzeptieren will, dass dieser Hund jede Nacht mindestens 4-5 Haufen in die Diele setzt
- der schon zu zittern anfängt, wenn Herrchen in die Nähe kommt, weil er ja weiß, vermutlich geht gleich wieder das Geschimpfe los.

So einen Hund kann man nicht mal mit zum Einkaufen, in kein Restaurant, zu keinem Besuch, einfach nirgendwo mitnehmen.

Jetzt wäre es natürlich ein leichtes gewesen, wenn ich hätte sagen können: machen Sie dies, füttern Sie jenes, und alles ist gut. Aber angesichts dieses Elends, war ich mit weisen Ratschlägen doch eher zurückhaltend. Beim zweiten Termin ging es Arielle ein wenig besser (in zwei Stunden nur 3 x festere Haufen, ein Riesenfortschritt), und Frau L. führte das auf die ausschließliche Fütterung mit Pferdefleisch und die Gabe von Muskatnuss zurück. Hellhörig geworden, fragte ich sie, ob sie schon mal von „barfen" gehört habe. Ich riet ihr, sich im Internet zu informieren und sich zu überlegen, ob sie Arielle nicht auf Rohfleisch umstellen wolle. Das Ergebnis war bombastisch. Als Frau L. und Arielle nach einer Woche wieder kamen, hatte dieser Hund fast 4 Kilo zugenommen. Da sprang ein ganz anderes Tier aus dem Auto, das sah schon fast aus wie ein Ridgeback und lachte sehr viel fröhlicher in die Welt. Der einzige Haufen, den sie auf den Hundeplatz setzte, wurde von uns beiden mit viel Liebe und Sachverstand untersucht und für Oskar würdig befunden: ein richtig schöner, fester, wohlgeformter Hundehaufen. Das war das Ergebnis einer radikalen Umstellung auf Rohfleisch nach nur einer Woche. Das Ergebnis beim Training konnte sich ab da auch sehen lassen. Arielle war eine sehr intelligente und willige Hündin, die sofort begriff, was man von ihr wollte. Ich hatte sie mehrfach auch mit anderen Hunden dabei, die sie durch ihr sagenhaft gutes Sozialverhalten freundlich, sanft, aber nachdrücklich zu anständigem Benehmen brachte. Und Frau L. war nur noch glücklich.

Indiana: Was einem vor die Nase kommt, wird auch gefressen

Indiana

Indiana lebt seit dem 17. Januar 2015 bei uns. Sie kam aus dem Tierheim von Häuser der Hoffnung und war mit ihrer Mutter und 3 Geschwistern Ende November aus Griechenland nach Deutschland gekommen. Als sie zu uns kam, war sie ziemlich genau ein halbes Jahr alt. Sie war klein und zart, bekam ein hochwertiges Dosenfutter und zusätzlich Hirse. Das Dosenfutter gehört zu den Sorten, die tatsächlich ausweisen, was enthalten ist, trotzdem hatte Indiana Probleme mit der Verdauung und sie fraß alles, was ihr vor die Nase kam: Holz, Rinde, Erde, eigenen Kot, Katzen- und Hundekot, Hasen- und Rehköttel. In Griechenland waren sie und ihre Familie bis zum Herbst von den Menschen versorgt worden, auf deren Hof sie lebten. Aber die zogen für den Winter in die Stadt, da man das Haus nicht heizen kann. Vermutlich ging dann eine Zeit des Hungers los und wenn Häuser der Hoffnung sich der kleinen Hundefamilie nicht angenommen hätte, wären die Welpen ziemlich sicher verhungert oder erfroren. Im Tierheim wurde schnell bemerkt, dass es beim Füttern immer Streit unter den Geschwistern gab, also wurden sie getrennt gefüttert.

Indiana war die letzte, die vermittelt wurde – Mama weg, Geschwister weg, sie hatte also auch im Tierheim ziemlich viel Stress. Auf der Fahrt nach Deutschland hatte sich zudem der ganze Wurf erkältet und Indianas Erkältung war noch nicht ganz ausgeheilt. Deshalb gaben wir noch 3 Tage das gewohnte Futter weiter, um sie nicht allzu sehr zu belasten. Am vierten Tag stellten wir um und fütterten sie einige Tage ausschließlich mit Blättermagen und Pansen. Das Ergebnis war sensationell. Sie wuchs sofort um ca. 5 Zentimeter und nahm 3 Kilo zu. Da ihr Kot immer mal wieder weich war, ließen wir Kotproben untersuchen und es konnten geringfügig Kokzidien-Oocysten nachgewiesen werden. Wir mussten verhindern, dass sie Kot von Fleischfressern erwischte, durch die Rohfütterung sollte sich das Problem auf Dauer von allein erledigen – und genau so war es auch.

Seitdem waren wir noch mehr dahinter her, dass sie keinen Kot von Hunden und Katzen fraß, ihren eigenen hat sie relativ schnell liegen lassen. Das Erdefressen wurde zugunsten unserer Topfpflanzen auch sehr schnell eingestellt und das Nagen am Holz im Feuerholzkorb hatte wohl mehr mit dem noch nicht vollständig abgeschlossenen Zahnwechsel zu tun.

Anfänglich war sie sehr unfreundlich zu unserem Rüden Maxl, wenn er zur Fressenszeit in die Nähe ihres Napfes kam. Sie verteidigte auch die Wassernäpfe, indem sie sich davor legte und ihm so den Zugang versperrte. Das mit dem Wasser ist nachvollziehbar, denn wo sie herkommt, gab es vermutlich nicht immer ausreichend für alle zum Trinken, also musste man jede Pfütze verteidigen. Wir haben mehr Näpfe aufgestellt, die sie unmöglich alle gleichzeitig verteidigen konnte, außerdem ist einfach immer genug für alle da.

Mit der Futteraggression ging es nicht ganz so schnell, aber nach zwei Wochen war auch das erledigt. Wenn man dreimal täglich genug zu fressen bekommt, muss man nicht neidisch sein. Ganz einfach.

Leider stellte sich nach 3 Monaten heraus, dass Indiana beidseitig schwere HD (Hüftdysplasie) hat. HD ist sehr schmerzhaft, deshalb bekam sie lange ein sehr starkes Schmerzmittel, das leider Magen, Darm und die Haut stark belastete. Umso wichtiger war es, dass sie vernünftig gefüttert wurde, um die Darmflora so gut wie möglich zu unterstützen. Mittlerweile wird sie homöopathisch behandelt, damit sind wir die Probleme, die sich allmählich schon auf der Haut und im Fell bemerkbar machten, endlich los. Sie hat sich zu einer sehr schönen, kräftigen und freundlichen Hündin entwickelt.

Othello und Cora: Für immer dick und unbeweglich?

Cora und Othello

Othello und Cora, die beiden Labradore, leben nicht mehr. Sie waren beide sehr freundliche und nette Hunde, eine Zierde für ihre Rasse, wenn sie nicht beide so fürchterlich fett und phlegmatisch gewesen wären. Beide litten sie unter Arthrose und demzufolge natürlich unter großen Schmerzen.

Als sie schon acht, bzw. neun Jahre alt waren, wurden sie umgestellt auf Rohfütterung. Das Ergebnis war sensationell. Sie wurden wieder schlank, interessierten sich mehr für das Leben als fürs Fressen und nach einer langwierigen Entgiftungszeit zeigten beide etwas sehr Erstaunliches, was ich bei Labradoren nie für möglich gehalten hätte: sie zeigten nicht mehr die geringste Neigung, jedes Leckerchen sofort gierig zu verschlingen. Selbst Trockenpansen, für alle Hunde ein großartiger Leckerbissen, wurde zwar freundlich genommen, aber dann zur Seite gelegt, wenn sie satt waren.

Das Foto wurde nach der Gaudirallye an Ostern auf meinem Hundeplatz gemacht. Dort, wo die Fotografin stand, befand sich neben ihr auf einem Tisch eine große Schüssel mit Hundeleckerchen. Für Othello und Cora war es keine Frage: das lustige Herumturnen mit der kleinen Freundin auf den Geräten machte viel mehr Spaß und war wichtiger. Die Leckerchen waren schließlich später immer noch da. Hätten Sie gedacht, dass bei Labradoren, die ja dafür bekannt sind alles zu fressen außer dem Tisch und den Verwandten, so etwas möglich ist?

Barry – ein Beispiel für Fehler bei der Rohfütterung

Barry

Dass Rohfütterung auch mal misslingen kann, zeigt das Beispiel von Barry, einem tauben Dalmatiner, der mit ca. 1,5 Jahren aus dem Tierschutz zu seiner jetzigen Familie kam. Er war von Anfang an sehr nervös, wenig belastbar und stressanfällig. Zum Teil war das sicher auf seine Taubheit zurückzuführen. Aber ein nicht geringer Teil lag an der falschen Rohfütterung. Seiner Besitzerin wurde gesagt, sie solle das Fleisch möglichst kalt füttern, da es so länger im Magen verweile und damit besser sättigen würde. Das mag vielleicht durchaus so sein. Aber leider hat das sehr unangenehme Folgen. Dieser Hund, der sowieso schon über wenig Energiereserven verfügte, denn Barry war extrem schlank, musste einen großen Teil seiner Energie in die Verdauung stecken, damit er das zu kalte Futter überhaupt verwertbar machte. Zusätzlich bekam er viel frisches Obst und Gemüse, das er auch sehr gerne nahm, denn er hatte immer und überall Hunger. Viele Menschen sehen das sehr gerne, denn für uns ist frisches, unbehandeltes Obst und Gemüse sehr gesund, für Hunde eher weniger, da sie vorverdaute Pflanzennahrung benötigen. Auch das verursachte ihm Beschwerden. Diese zeigten sich durch einen extrem gekrümmten Rücken = Bauchweh und die Tatsache, dass er sehr schwach bemuskelt war.

Seit einer sehr aufwendigen Entgiftung frisst Barry fast ausschließlich gut abgelagerten, zimmerwarmen Pansen und Blättermagen mit einem hochwertigen Kräuterzusatz. Ab und zu wird Fleisch mit Knochen gefüttert. Das Wichtigste aber: er bekommt fast jeden Abend Hühnerfett in Wasser aufgelöst, damit er überhaupt genug Energie zu sich nimmt. Das Ergebnis ist erstaunlich. Barry konnte bis zur Futterumstellung maximal 45 Minuten spazierengehen, danach war er fix und fertig. Auch die Gruppenstunden in der Hundeschule stand er höchstens so lange durch. Danach wurde er unruhig, fing an zu bellen, mobbte andere Hunde und wirkte unglücklich. Nach der Entgiftung wurde sein Fell weißer und die dunklen Punkte wurden intensiver. Er nahm deutlich zu und auch die Muskulatur an den Oberschenkeln wurde kräftiger. Der Rücken streckte sich und wurde gerade, da er ja kein Bauchweh mehr hatte. Während er vorher auf jede Änderung zuhause oder in der Hundeschulgruppe fast hysterisch reagierte, nimmt er sie mittlerweile relativ gelassen hin und schafft es zunehmend, sich selber aus schwierigen Situationen einfach rauszunehmen, indem er weggeht. Interessanterweise verweigert er mittlerweile frisches Obst und Gemüse, das er früher regelrecht erbettelt hat. Dafür fordert er seine abendliche Fettmahlzeit um so stärker ein, wenn er einen stressigen Tag hatte.

Bedingt durch seine Taubheit wird er lebenslang weniger belastbar wie andere Hunde sein, da er sein Hörvermögen durch Nase und Augen kompensieren muss und das ist sehr energieintensiv. Aber es geht ihm sehr gut, er ist ausgeglichen und man sieht ihm sein Wohlbefinden deutlich an.

Die Umstellung ganz einfach

Und jetzt befassen wir uns damit, wie Sie Ihre Pelznase einfach und unkompliziert umstellen können. In der nachfolgenden Übersicht sehen Sie, was Sie füttern können. Sollte Ihr Hund massive ernährungsbedingte oder ererbte Krankheitserscheinungen aufzeigen, sollten unbedingt Sie vor der Umstellung eine Fachberatung durch eine versierte Tierärztin oder Tierheilpraktikerin wahrnehmen, bei der ein konkreter Entgiftungs- und Entschlackungsplan aufgestellt wird. Sie können das auch alleine versuchen, aber es dauert länger und auftretende Probleme werden evtl. nicht rechtzeitig erkannt. Bitte bedenken Sie bei allem, dass auch hier gilt: frisch ist besser als konserviert, sprich eingefroren. Manchmal bleibt einem nichts anderes übrig, als Frostfleisch zu füttern, aber Frischfleisch sollte immer die erste Wahl sein. Das gleiche gilt für alle Zusätze.

Bei erwachsenen Hunden empfiehlt es sich, den Hund einen Tag fasten zu lassen. Dadurch wird der Darm entleert und die Entschlackung beschleunigt. Welpen und Junghunde müssen nicht fasten.

Zuerst ermitteln wir den Futterbedarf. Der ist davon abhängig, was ihr Hund wiegt, bzw. was er wiegen soll. Nehmen Sie das Idealgewicht, das bedeutet, dass Sie bei einem zu dicken Hund von weniger, bei einem zu dünnen von mehr ausgehen, als das momentane Gewicht ergeben würde. Dann hängt die Menge auch davon ab, wie alt Ihr Hund ist, Welpen und Junghunde, die noch dabei sind, ihren Körper aufzubauen, brauchen auch prozentual mehr, alte Hunde und kastrierte Rüden weniger, aktive Hunde mehr, inaktive weniger. Letztendlich sind die angegebenen Werte zur Orientierung gedacht. Wenn Ihr Hund ständig Hunger hat, geben Sie ihm mehr, wenn er zulegt, weniger.

Futterbedarf:
Welpen ca. 4-6 % vom Körpergewicht
erwachsene Hunde ca. 2-3 % –> abhängig vom Alter, Gesundheitszustand, kastriert – nicht kastriert, und anderen Faktoren
mind. 95 % Fleisch, davon 10 % Knochen, max.5 % Kräuter, Beeren und Gemüse püriert (mit Lab versetzen) unter das Fleisch mischen

Zu Beginn einer Futterumstellung sollte eine Entgiftung / Entschlackung / Darmsanierung erfolgen, die individuell abgestimmt werden muss Jede Futterumstellung beginnt mit einer ausschließlichen Pansen-/Blättermagenfütterung. Besorgen Sie sich größere Mengen Pansen und Blättermagen, am besten frisch vom Schlachter. Falls Sie das noch nie selber gemacht haben, bitten Sie ihn freundlich, dass er Ihnen alles gegen einen Aufpreis zerkleinert. Wenn er das nicht macht, schneiden Sie alles in entsprechende Portionen, je nachdem wieviel Ihr Hund eben bekommt. Beim Blättermagen können Sie einiges vom Inhalt herausschütteln, das ist übrigens ein hervorragender Dünger und landet bei uns immer auf dem Komposthaufen.

Verstauen Sie alles in einem Gefäß, das Sie luftdicht abschließen können, z.B. in einem ausgedienten Gurkentopf oder einem Eimer mit Deckel und lagern Sie den Topf an einem kühlen Ort. Aus diesem Topf entnehmen Sie jeden Tag sein Futter. Geben Sie es ihm im Freien, so Ihnen das möglich ist, und möglichst ein ganzes Stück, so dass er es durchkauen muss. Manchen Hunden fällt das am Anfang schwer. Falls Ihr Bello nicht versteht, was das jetzt soll, schneiden Sie ihm seine Portion anfangs klein und machen die Stücke immer größer.

Wenn Ihnen das zu martialisch ist oder Sie keine Möglichkeit haben, im Freien zu füttern, dann können Sie auch gewolften Pansen und Blättermagen bei Versendern übers Internet bestellen, die entsprechende Mengen tiefgefroren versenden oder in einem der Barfläden, die es in vielen Orten gibt. Tauen Sie bitte eine Wochenration auf und verstauen Sie alles in Ihrem Gefäß. Ihr Hund braucht die so entstehenden Bakterien für seine Verdauung und um seinen Darm in Ordnung zu bringen.

Solange man keine Knochen füttert, sollte man Eierschalenkalk hinzufügen. Dazu sammeln Sie die Schalen Ihrer Eier, trocknen sie und machen sie im Mörser oder im Häcksler klein. Wir verwenden nur die Schalen roher Eier, entfernen das Innenhäutchen und lassen die Schalen gut trocknen, damit kein Schimmel auftritt. Falls er bis dahin ein mineralstoffreiches Futter bekommen hat, warten Sie erstmal ab und fügen keinen Kalk hinzu. Der Kalk ist wichtig, um ein ausgewogenes Phosphor-Kalzium-Verhältnis zu erreichen. Wenn Sie regelmäßig Knochen füttern, was Sie frühestens nach einigen Monaten tun können, dann müssen Sie sich keine Gedanken mehr machen.

Kräuter, grünes Gemüse und reifes Beerenobst füttern Sie nur zerkleinert und versetzt mit Lab, um den Verdauungsvorgang im Magen-Darm-Trakt des Beutetieres zu simulieren. Konventionelles Lab ist ein Ferment aus dem Kälbermagen, das zur Käseproduktion verwendet wird. Da die Gewinnung im Grunde tierschutzrelevant ist, empfiehlt es sich vegetarisches Lab zu nehmen, das aus Bakterien hergestellt wurde. Weiter hinten finden Sie eine Anleitung dazu. Mit frischem Gemüse sollten Sie vorsichtig sein, da es für Hunde sehr schwer verdaulich ist und zu Blähungen führen kann. Falls Ihnen das alles zu kompliziert ist, gibt es von verschiedenen Herstellern gute Kräuter-Beeren-Mischungen, die Sie zufügen können. Dieser Anteil am Futter ist sehr gering, ca. 5 bis max. 10% sind ausreichend. Geben Sie die Kräutermischung zu einer der Mahlzeiten. Wenn Ihr Hund gerne Obst frisst, spricht nach meiner Erfahrung nichts dagegen, wenn er das ab und zu bekommt. Ebenso gibt es Hunde, die knabbern gerne rohe Möhren. Ernährungsphysiologisch bringt das nichts, außer dass es Ihrem Hund schmeckt. Wichtig ist, dass er die Möhren auch verträgt und keine Verdauungsbeschwerden davon bekommt.

Pansen ist sehr fett und eignet sich deshalb besonders gut für magere Hunde. Falls Ihr Bello zur dieser Variante gehört, können Sie ihm auch Fett zu einer Mahlzeit dazugeben. Idealerweise geben Sie tierisches Fett, da Hunde das besser verdauen können. Aber auch ein hochwertiges Öl ohne Zusätze von künstlichen Vitaminen geht in Ordnung. Blättermagen ist deutlich magerer, hat aber wesentlich mehr Bestandteile zur Regulierung der Darmflora. Erfahrungsgemäß stürzen sich die Hunde zu Anfang regelrecht auf Blättermagen, wenn die Darmflora gesundet ist, kann es schon vorkommen, dass sie ihn verweigern.

Wenn Sie 14 Tage Pansen und Blättermagen gefüttert haben, wechseln Sie bei einer Mahlzeit auf Rindfleisch, z.B. Maulfleisch. Zusätzlich können Sie anfangen, einmal täglich ca. 30 Minuten vor einer Mahlzeit dem Hund einen Teelöffel Heilerde z.B. in Rindsbrühe zu geben. Warum Rindsbrühe? Damit er die Heilerde sicher aufnimmt. Sie können auch versuchen, die Heilerde extra anzubieten. Es gibt Hunde, die nehmen dieses Angebot gerne an. Die Heilerde bindet Giftstoffe im Darm und hilft so bei der Ausleitung. Falls er anschließend weicheren Kot hat, bedeutet das nur, dass er tatsächlich entgiftet. Diese Kur machen Sie vier Wochen. Keinesfalls dürfen Sie die Heilerde unters Futter mischen, da sonst u.U. Bestandteile gebunden und ausgeleitet werden, die er braucht.

Verträgt er das Rindfleisch gut, fügen Sie im Abstand von 2 Wochen immer eine neue Fleischsorte hinzu. Leicht verdaulich sind Lamm, Fisch und Geflügel. Mit Geflügel sollte man allerdings etwas vorsichtig sein, je nachdem welche Quelle man hat. Aus Massentierhaltung ist Geflügel sehr belastet mit Antibiotika. Nach ca. 8-10 Wochen können Sie anfangen, Knorpel, z.B. Kehlkopf zu füttern. Dabei müssen Sie darauf achten, dass der Kehlkopf halbiert wird, da es immer mal wieder Fälle gibt, bei denen der Kehlkopf über den Unterkiefer des Hundes gleitet und nur durch Sie oder den Tierarzt entfernt weder kann. Schneiden Sie deshalb den Kehlkopf auf. Kleine Hunde bekommen natürlich nur einen Teil entsprechend ihres Gewichts. Eine Kehlkopfmahlzeit ersetzt eine normale Mahlzeit und wird nicht zusätzlich gegeben. Manche Hersteller bieten Fleisch mit gewolften Knochen an. Damit müssen Sie sehr vorsichtig sein. Kontrollieren Sie genau, ob ihn dem Futterbrei Knochensplitter enthalten sind, oder ob es so stark gewolft ist, dass die Knochen de facto gemahlen sind. Knochensplitter sind sehr gefährlich für Hunde und führen zu Magen-Darm-Blutungen.

Die Regel für die Fleischsorten lautet: im Laufe von 5-6 Wochen sollte ein Hund 4-5 Fleischsorten wie Lamm, Rind, Geflügel, Fisch, Pferd, Wild bekommen. Bei jeder Mahlzeit gibt es nur eine Fleischsorte, eine Mahlzeit täglich sollte idealerweise Pansen sein. Dabei kann man auch mal Lamm- oder Pferdepansen füttern, wenn man das bekommt. Blättermagen möchten viele Hunde irgendwann nicht mehr, das bedeutet, dass sie die Inhaltsstoffe nicht mehr benötigten. Was Sie von dem jeweiligen Tier füttern, hängt davon ab, was Sie bekommen können. Da Rindfleisch für uns am einfachsten zu bekommen und in der Regel auch am preiswertesten ist, müssen Sie gut darauf achten, dass Sie nicht ausschließlich Rind füttern. Auch mit reinem Muskelfleisch wie Herz sollten Sie sehr, sehr sparsam sein, da hier der Eiweißgehalt besonders bei Rindern aus reiner Fleischzucht sehr hoch ist. Wir haben das so gelöst, dass es ca. zweimal pro Woche eine andere Fleischsorte gibt, die je Woche wechselt. Wenn Ihr Bello das mag, können Sie ihm Fisch oder Hühnerflügel auch im Ganzen geben. Damit haben Sie schon eine wunderbare Abwechslung für ihn.

Vollkommen verboten ist alles, aber auch alles vom Schwein, egal wo Sie es herbekommen. Jedes Jahr sterben Hunde und Katzen an unerklärlichen Krankheiten nach Hausschlachtungen. Ebenso gibt es immer wieder Fälle von Jagdhunden, die qualvoll sterben, nachdem sie mit Wildschweinen Kontakt hatten. Schweine übertragen den Aujeszkyschen Virus, der für

Menschen und Schweine ungefährlich, für Hunde und Katzen aber absolut tödlich ist.

An Knochen, die ca. 6 Monaten nach der Umstellung gegeben werden können, sollte immer Fleisch sein, da manche Hunde sie sonst nicht verwerten können und zum Erbrechen neigen. Knochen sind schwer verdaulich und sollten deshalb morgens oder tagsüber gefüttert werden. Auf keinen Fall dürfen Sie gekochte oder anderweitig erhitzte Knochen füttern. Auch bei Fisch sind die erhitzten (gekochten oder gebratenen) Gräten gefährlich. Beim Erhitzen verändert sich die Knochen-, bzw. Grätenstruktur, sie werden starr und fest und verursachen erhebliche Verdauungsprobleme. Bei erhitzten Gräten kann passieren, dass sie tatsächlich im Hals stecken bleiben. Wenn Sie Knochen roh füttern und darauf achten, dass sie von eher jungen Tieren stammen, gibt es keine Probleme, auch nicht bei Geflügelknochen! Es muss leider gesagt werden, dass Geflügel bei uns sehr jung geschlachtet wird und in der Regel noch nicht erwachsen ist. Deshalb sind die Knochen auch noch sehr weich und der Knorpelanteil hoch. Wenn Sie Beinscheiben verfüttern, dann achten Sie bitte darauf, dass das Loch in der Mitte so klein ist, dass der Hund es sich nicht über den Unterkiefer ziehen kann. Von anderen Knochen dürfen keine gesplitterten gefüttert werden. Ideal sind ganze Rippen oder Röhrenknochen. Sehr gut sind auch ganze Ohren oder Beinteile mit Fell, z.B. von Schafen oder Rindern. Das Fell wirkt auch gut als Parasitenprophylaxe, da es den Darm durchräumt. Manche Hunde graben solche Sachen gerne ein, durchgegoren schmeckt das wohl besonders gut. Wenn Ihr Hund so etwas macht, freuen Sie sich! Sie haben einen Hund mit gesunden Instinkten, der weiß, was ihm gut tut.

Knochen und Knorpel sind wichtig für das Phosphor-Kalzium-Verhältnis, aber auch zur Mineralstoffversorgung. Aber auch im Blut sind wichtige Mineralstoffe enthalten und Sie sollten zusehen, dass Sie Blut bekommen. Einige Versender haben das bereits im Angebot, so dass Sie gefrorenes Blut in 1l-Flaschen erhalten. Wir machen damit regelmäßig Kuren, d.h. es kommt nicht täglich übers Futter sondern alle 2 Wochen wird eine Flasche aufgetaut und dann im Laufe einer Woche verfüttert. Die Hunde sind begeistert und fressen das sehr gerne. Wenn Sie kein Blut bekommen können, geben Sie eine Prise Himalaja oder Steinsalz über das Futter. Industriesalz sollten Sie meiden, es enthält z.T. Paraffin und Fluoride. Zudem fehlen sämtliche Mineralstoffe außer Natriumchlorid, da diese für die Industrie zuvor entfernt wurden. So gesehen ist unser Speisesalz ein minderwertiges Abfallprodukt.

Vorsichtig sollten Sie mit der Gabe von Innereien sein, da diese häufig belastet sind mit Schwermetallen, anderen Umweltgiften und Antibiotika. Leber, Nieren und Milz sind Entgiftungsorgane, sie reinigen das Blut von Giftstoffen, die auch mit Rohfutter in den Hund gelangen. Wir leben nicht im Glaskasten und in unserer Umwelt sind mittlerweile sehr viele Gifte, die über die Nahrung in den Hund kommen. Wenn Sie Fleisch aus Freilandhaltung bekommen, dann ist das Risiko sicher geringer, als Fleisch aus Massentierhaltung. Eigentlich sind Innereien eine gute Quelle für natürliche Vitamine und Mineralstoffe. Trotzdem entscheiden sich manche Hundehalter dafür, Innereien vollkommen zu meiden. Wie Sie das halten, müssen Sie selber entscheiden. Auf alle Fälle sollte man Innereien nicht allzu zu häufig füttern. Pansen und Blättermagen bilden hier eine Ausnahme, sie gehören nicht im eigentlich Sinn zu den Innereien, da das Verdauungssystem eigentlich eine Art „Röhrensystem“ ist, das vom Maul bis zum After führt und nur zur Verwertung und dem Transport der Nahrung, bzw. der Ausscheidungsprodukte dient.

Leckerchen, Trockenfleisch, Milchprodukte, Eier

1. Leckerchen

Wenn Sie Ihren Hund roh ernähren und viel Aufwand in die Zubereitung des Futters investieren, dann sollten Sie nicht vergessen, dass die industriell hergestellten Leckerchen auch nicht ohne sind. Zucker findet hier sehr viel Verwendung, die Ausgangsstoffe sind häufig noch katastrophaler als beim Industriefutter und der Zusatz an Vitaminen, um die Haltbarkeit zu garantieren, ist enorm. Lesen Sie bitte die Zutatenliste genau durch, Sie werden sich wundern, was Sie dort finden.
Viele Leckerchen sind einfach gepresster Abfall aus der Getreideverarbeitung, entsprechend sehen sie auch aus und die Hunde mögen sie meistens nicht. Da sie sehr minderwertig sind, kann Ihnen bei empfindlichen Hunden passieren, dass sie – trotz Rohfütterung! – nach dem Verzehr von wenigen dieser Kekse sofort anfangen, sich zu kratzen und zu beißen.
Es gibt im Internet und im guten Fachhandel Leckerchen aus Fleisch, die sehr gut sind, und dann kann man für Hunde, die Kohlehydrate vertragen, selber backen, dann weiß man, was drin ist.

Hundeleckerchen selbst gemacht

Leberleckerchen: 250 g pürierte Leber, 500 g Dinkelmehl (alt. 250g Dinkelmehl, 250 g Dinkelflocken) 1 Ei, geriebene Möhre (oder 1 zerdrückte Zehe Knoblauch oder etwas Selleriekraut oder etwas Liebstöckel), Wasser, alles gut vermischen und eher weichen Teig rühren
Blech mit Backpapier auslegen, Teig darauf ausstreichen, ca. 60 Min. bei max. 120° C (Umluft) backen, herausnehmen und etwas auskühlen lassen, in kleine Stücke schneiden und nochmals 2-3 Stunden bei ca. 80 - 100° C (Umluft) trocknen lassen.

Käseleckerchen: 250 g geriebener Käse, 500 g Dinkelmehl, 1 Ei, Wasser, alles gut vermischen und eher weichen Teig rühren, Blech mit Backpapier auslegen, Teig darauf ausstreichen, ca. 60 Min. bei max. 120° C (Umluft) backen, herausnehmen und etwas auskühlen lassen, in kleine Stücke schneiden und nochmals 2-3 Stunden bei ca. 80 - 100° C (Umluft) trocknen lassen.

Lunge: Rinderlunge in kleine Stücke schneiden, Blech mit Backpapier belegen und Lunge darauf verteilen. Für 1 kg Lunge reicht ein Blech, bei ca. 80° Umluft ca. 3 Stunden trocknen, immer wieder umrühren.
Alle Leckerchen sehr gut trocknen, lieber länger bei niedriger Temperatur, damit sie nicht schlecht werden.
Zutaten wie Knoblauch oder Möhren dienen einfach dem Geschmack. Wenn Sie das nicht dazugeben, ist es auch gut. Man kann auch Leber selber trocknen, das ist allerdings sehr aufwendig und Leber ist sehr empfindlich, man kann sie nicht lange aufbewahren. Leckerchen mit Mehl dürfen Sie nur verfüttern, wenn Ihr Hund keine Probleme damit hat, ab und zu Kohlehydrate zu bekommen. Es gibt Hunde, die das überhaupt nicht vertragen. Diesen Hunden bitte nur z.B. getrocknetes Fleisch geben.

2. Trockenfleisch

Pansen, Lunge, Schlundfleisch, Ochsenziemer, das alles und noch viel mehr gibt es getrocknet im Fachhandel zu kaufen. Es spricht nichts dagegen, wenn Sie Bello damit ab und zu beglücken, die Umstellung sollte allerdings abgeschlossen sein, da diese Produkte schwerer verdaulich sind als rohes Fleisch. Beim Kauf sollten Sie unbedingt darauf achten, dass es sich um Inlandsware handelt. Importware kommt oft von weiß Gott woher. Die Bedingungen für Nutztiere in anderen Ländern sind vermutlich auch nicht besser als in der deutschen Massentierhaltung, aber es gibt wahrlich keinen Grund, Rinderpansen von China nach Deutschland zu importieren. Zudem wird die Ware stark chemisch behandelt, damit sie unterwegs nicht von Ungeziefer befallen wird. Seriöse Hersteller weisen aus, ob es sich im Import- oder Inlandsware handelt.

Hautprodukte sollte Sie meiden. Das ist minderwertiges Eiweiß und manche Hunde reißen große Stücke ab und schlucken sie runter. Das kann bis zum Magenverschluss führen. Im günstigeren Fall liegt das große Stück Haut „nur“ im Magen und belastet ihn unnötig.

Ganz verzichten sollten Sie auf alles, was geformt ist. Damit diese Kauartikel aussehen wie ein Schuh oder ein Knochen, werden sie chemisch behandelt.

3. Milchprodukte

Milch ist Säuglingsnahrung und hat in der Erwachsenennahrung nichts zu suchen. Das gilt für Hunde wie für Menschen. Viele Hunde reagieren auf Milchprodukte mit Durchfall, das ist ein deutliches Zeichen, dass sie sie nicht vertragen. Wenn sie ab und zu ein Stück Käse bekommen und sie vertragen das gut, ist das nicht weiter schlimm. Aber Milchprodukte gehören nicht auf den regulären Speiseplan eines Hundes.

4. Eier

Manche Hunde fressen sehr gerne Eier und es spricht nichts dagegen, wenn Sie ab und zu eines geben. Idealerweise bekommen sie es roh, knacken es selber auf und fressen es komplett. Eiweiß alleine ist für Hunde nicht sehr wertvoll und manche Hunde mögen es auch nicht, aber in der Kombination mit dem Eigelb und der Schale ist es eine feine Leckerei.

Wie oft soll man füttern?

Die Meinung über die Häufigkeit der Mahlzeiten, ob man den Hund ab zu fasten lassen soll oder nicht, gehen stark auseinander. Es gibt einige Regeln, an die sollte man sich unbedingt halten. Bei der Welpenfütterung hat sich eingeschlichen, dass auch sehr kleine Welpen von 10 Wochen nur 3x täglich gefüttert werden, das ist nicht nur einfach falsch, das ist absolut ungesund und kann in späteren Jahren zu ernsthaften Problemen führen. Der Magen dieser Hunde wird viel zu schnell viel zu stark bei den seltenen Mahlzeiten ausgedehnt und das kann später zu einer Magendrehung führen. Zudem ist der kleine Organismus einfach gnadenlos mit der Menge überfordert. Manchmal fressen die Hunde dann auch einfach zu wenig. Dadurch wachsen sie nicht ordentlich und können sich nicht gut entwickeln.

Welpen bis zu 4 Monaten füttert man 5 mal täglich, dann reduziert man auf 4 Mahlzeiten bis zu einem Alter von ca. 6 Monaten, bis zu 9 Monaten füttert man 3 mal, dann kann man umstellen auf 2 mal täglich. Ich habe sehr gute Erfahrungen mit 2 Mahlzeiten täglich, aber es gibt auch Hunde, die kommen mit einer Mahlzeit gut klar.

Wichtig bei der Ernährung von Welpen ist, dass sie immer satt werden müssen. Es vollkommen überflüssig, bei einem Welpen die Portionen zu rationieren und genau abzuwiegen. Geben Sie ihm so viel, wie er möchte. Wenn er mit weniger auskommt, merken Sie das daran, dass er weniger frisst, bzw. zunimmt. Dann werden die Portionen einfach verkleinert.
Von Fastentagen halte ich nichts, außer sie werden im Zusammenhang einer Entgiftung / Entschlackung durchgeführt, so wie ich von der Theorie, dass es reicht, wenn Hunde alle paar Tage eine Monsterportion bekommen, nichts halte. Auch unsere Vorfahren haben sehr viel öfter gehungert als wir und weltweit gibt es deutlich mehr Menschen, die hungern müssen als Menschen, die immer satt werden. Aber niemand kommt auf die Idee, dass es gut sein könnte, generell für Menschen einen Fastentag pro Woche einzuführen oder Menschen nur alle paar Tage mit einer richtig riesigen Mahlzeit zu beglücken. Mir erscheint das ziemlich übertrieben und ich denke, dass solche Hunde sehr viel eher auf die Idee kommen zu klauen oder vor lauter Hunger mal eben in den Wald oder in Nachbars Hühnerhof zu gehen.

Also lassen Sie sich nicht irre machen und füttern Sie Ihren Hund 2mal täglich mit einer Portion, die seinen Bedürfnissen entspricht.

Zusammenfassung

Fleisch / Knochen / Innereien/ Blut:

- 10 % Knochen zur Kalziumversorgung
  Verhältnis Kalzium : Phosphor ca. 1:1 - 1:2
  Fleisch ist phosphorhaltig
  immer Knochen mit Fleisch, Knochen nicht als letzte Mahlzeit, spätestens mittags
  => zu schwer verdaulich, deshalb Knochenfütterung erst nach einer Eingewöhnungszeit von ca. 6 Monaten
  eher von jungen Tieren, grundsätzlich roh
  beginnen mit leicht verdaulichen Knochen: Geflügel, Lamm
  wichtig zum Zähneputzen und zur Versorgung mit Mineralstoffen, Enzymen, Antioxidantien
- Kehlkopf und Schlund kann als Ersatz dienen,
  Vorsicht bei Hunden mit Schilddrüsenproblemen

– Innereien: ca. 1 x pro Woche => Enzyme / Vitamine

– Rind: Leber / Nieren / Milz: vitaminreich, abführend, z.B. nach Knochen
Lunge: sehr protein- und eisenreich
Pansen: nur grünen, weißer ist de facto wertlos, sehr fett
=> sehr nährstoffhaltig: Vitamine, Enzyme, für den Hund alles gut im Futterbrei aufgeschlossen
=> Blättermagen: wie Pansen, aber nicht so fett

– Geflügel: => Vorsicht wegen hoher Belastung mit Antibiotika und Hormonen
=> gut zum Anfangen bei Knochenfütterung

– Lamm: leicht verdaulich, gut zum Anfangen bei Knochenfütterung,

– Fisch: leicht verdaulich, hoher Vitamingehalt, möglichst im Ganzen verfüttern, kalorienarm

– Pferd: hypoallergen, eiweißreich und fettarm
Vorsicht: hohe Belastung durch Schadstoffe und Medikamente möglich

– Wild: wie Lamm, aber Vorsicht mit Knochen, kein Schussfleisch!

– Schwein: total verboten, auch Wildschwein, Aujetzky

Obst / Gemüse / Kräuter:

Gemüse und Obst benötigen Hunde nur in sehr geringen Mengen, man kann es auch komplett weglassen.

Kräuter und Beeren benötigen sie in geringen Mengen täglich entweder durch eigenen Ansatz mit vegetarischem Lab oder als fertige Mischung.

– Obst: - kein verschimmeltes, aber durchaus überreifes Obst => Enzyme
- Steine / Kerne entfernen => enthalten Blausäure
- ungespritztes, frisches, reifes Obst aus der Region verwenden
- geeignet: Apfel, Aprikose, Birne, Beeren (außer Holunder und Weintrauben)

– Gemüse: - grünes Blattgemüse => eisenhaltig, sehr wertvoll, soll ca. 50% der Gemüseration ausmachen, alle Salatsorten
- Mangold, Spinat, Fenchelkraut, Selleriekraut
- verboten: Hülsenfrüchte, Lauchgewächse, Nachtschattengewächse wie Tomaten,

Auberginen sind giftig für Hunde
- in medizinischen Dosen: Knoblauch

– Kräuter: was der Garten und die Natur bieten: Brennesseln, Kerbel, Löwenzahn, Blätter von Beerensträuchern
=> Vorsicht mit Schnittlauch
Achtung! nicht übertreiben! Kräuter sind auch Medizin
Kräutermischungen: je nach Größe des Hundes 1-3 Esslöffel pro Tag

Eigene Mischung:

Kräuter, ab und zu etwas reifes Beerenobst, Blattgemüse, evtl. 1 Zehe Knoblauch fein pürieren, mit lauwarmem Wasser in ein mittelgroßes Glas von ca. 0,5 - 0,75 l mit Schraubdeckel geben, einen knappen EL Essig (Balsamico, Obstessig), 1 Teelöffel Himalayasalz, 2-3 TL Eierschalenkalk und evtl. noch 1 TL gemahlene Hagebutten und ca. 5-6 Tropfen Lab (vegetarisches Konzentrat im Internet erhältlich) zugeben, 2-3 Tage im Dunkeln stehen lassen. Das Glas nur zu max. 75 % füllen, da die Mischung sonst überläuft. Anschließend täglich je nach Größe des Hunde zwischen 1 Eierlöffel und 2-3 EL (ca. 5% der Futtermenge) dem Futter zugeben. Dieser Mischung muss noch Öl/ Fett zugefügt werden, dies erfolgt aber erst mit dem Fleisch.

Fett
– tierisches Schmalz (gekocht)
– Öl: hochwertiges Speiseöl, das man selber verwendet
– Fischöl

Wenn man hin und wieder auch mal Fertigfutter braucht, weil man entweder vergessen hat, etwas aufzutauen oder die Kräutermischung anzusetzen, ist es sinnvoll einen kleinen Vorrat zuhause zu haben. Ich empfehle hier von pro calu die Basisnährstoffe und Carni-Fit.

Problem: Zahlengläubigkeit

In den USA gab es vor Jahren bei Studenten eine Umfrage: Wie viel darf ein Mann wiegen? Die Antworten waren in der Regel: das kommt darauf an, wie groß und wie alt er ist. Bei der Frage:„wie viel darf eine Frau wiegen?" kam zu fast 100% die Antwort:„50 Kilo".

Auf der Beschreibung einer Kaffeesahne fand ich folgende Angaben: pro 100g Brennwert 561kJ / 136kcal, 7%, Referenzmenge für einen durchschnittlichen Erwachsenen 8.400kJ / 2000kcal.

Was ist der Zusammenhang zwischen der Umfrage unter den Studenten und den Angaben auf der Kaffeesahne? Ich denke, es gibt zwei. Einmal sagen beide überhaupt nichts über die Realität aus, denn das Gewicht von Frauen ist ebenso wie das von Männern abhängig von verschiedenen Faktoren. Ebenso gibt es keinen „durchschnittlichen Erwachsenen". Und dann kann im Grunde mit diesen Aussagen kein Mensch etwas anfangen und sie belegen nur, dass wir meinen, mit Zahlenangaben, die sich womöglich noch auf Statistiken berufen, sei alles gesagt. Ist das so?

Das Beispiel mit dem Gewicht von Männern und Frauen ist einfach komisch, das mit der Kaffeesahne stimmt mich nachdenklich. Denken Sie an Hustenbonbons, die Sie in der Apotheke bekommen. Da steht z.B.: 100g decken xxx% des Tagesbedarfs an Vitamin Y. Die Prozentangabe überschreitet häufig 100%, und zwar deutlich. Wozu soll das gut sein? Vitamine in hoher Dosierung, noch dazu wenn es sich um künstliche handelt, können schwere, gesundheitliche Schäden anrichten. Trotzdem funktionieren Angaben wie diese, um viele Menschen davon zu überzeugen, dass das Zeug dann gesund sein muss, selbst wenn es sich um mit Geschmacksstoffen und künstlichen Vitaminen versetzten Zucker handelt.

Ein Grund dafür ist, dass wir ganz fest an diese Zahlen glauben. Dabei kann kein Mensch nachweisen, ob sie stimmen. Es kann nicht einmal schlüssig bewiesen werden, ob die angegebene Menge in der vorliegenden Zusammensetzung gut und gesund ist. Aber wenn wir eine Zahl lesen wie „eine Frau darf 50 Kilo wiegen" oder „das entspricht der Referenzmenge eines durchschnittlichen Erwachsenen", dann schlucken wir das widerspruchslos. Wir sollten besser fragen, welche Intelligenzbestie davon überzeugt ist, dass eine sehr zierliche Frau von etwa 1,50 Meter genau soviel wiegen soll wie eine große, kräftige von 1,80 Metern. Für die Kleine sind wohl eher knapp 50 Kilo, für die große deutlich mehr richtig. Und wer bitte deckt 7% seines Tagesbedarfs an Fett / Eiweiß / Kohlehydraten / Salz / Zucker, was alles darin enthalten ist, mit Kaffeesahne? Ich nicht. Deshalb ist eine der wichtigsten Fragen, die Sie stellen sollten, wenn Sie so etwas serviert bekommen: wem nützt das? Ihnen oder eher dem Hersteller, der Ihnen irgendwas Fragwürdiges als „gesund" unterjubeln möchte?

Zahlen sind Anhaltswerte, die so, wie Sie auf Nahrungsmittelpackungen stehen, in der Regel nicht stimmen. Sehen wir uns einmal an, welche Angaben auf Frostfutterpackungen für die verschiedenen Fleischsorten stehen.
50% Rinderhalsfleisch, 50% Pansen: Gesamtfett: 14,2%, Rohprotein: 17,3%
100 % Rinderherz: Gesamtfett: 3,2%, Rohprotein: 12,7%
100% Huhn mit Knorpel: Gesamtfett: 7,3%, Rohprotein: 19,7 %
100% Pferdemuskelfleisch: Rohprotein: 4,5%, Rohfett: 4,5%
100% Fisch: Protein 9,1 %, Fettgehalt 7,5

Und hier ist ein nützlicher Hinweis, der nicht nur Naturprodukte betrifft, den man in der Regel aber nur bei Anbietern findet, die Naturprodukte verkaufen: „Analysen von Naturprodukten unterliegen natürlichen Schwankungen." Tatsache ist, dass alles Schwankungen unterliegt und alle diese Angaben Anhaltswerte sind. Ich möchte nur an die Vitaminangaben auf den Futterpackungen erinnern, die am letzten Tag vom Mindesthaltbarkeitsdatum noch stimmen müssen, was vorher drin ist, entzieht sich unserer Kenntnis.

Nehmen Sie nicht alles hin, was Ihnen in Form von Zahlen serviert wird. Futtermittelhersteller müssen nicht alles ausweisen, was sie reinpantschen: Aromastoffe, damit der Hund das Zeug überhaupt frisst, Duftstoffe, damit es für Sie gut riecht, Abfälle aus der Zucker- und Getreideverarbeitung, oder aus der Fleischverarbeitung, wie Federn, Krallen, Borsten, das wird dann als Geflügelmehl bezeichnet. In dem Handbuch von Hills, einem der größten Futtermittelhersteller weltweit, steht: „Die meisten Pellets sind mit Geschmacksverstärkern beschichtet". Wozu dienen also Angaben von angeblich hochwertigen Zutaten? Nur zu Ihrer Beruhigung. Das, was da großmundig ausgewiesen ist, reicht schon allein wie wir gesehen haben, um Ihren Hund krank zu machen. Was die Hersteller verschweigen, ist vermutlich auch nicht der Anteil, der gesund macht.

Was es sonst noch zu diesem Thema zu sagen gibt

Die Macht der Tierärzte in Ernährungsfragen

Tierärzte machen uns und unseren Hunden das Leben nicht immer leicht. Leider. Es wäre so schön zu wissen, dass da jemand ist, der sich auskennt, wenn mein Bello krank ist, sich darum kümmert, dass er gesund bleibt und ihn liebevoll sein Leben lang betreut. Wer von uns freut sich nicht auch darüber, wenn er einen netten und guten Hausarzt hat?

Vielleicht liegt es auch an uns, dass Tierärzte meinen, sie müssten auf allen Gebieten Experten sein, sie können sich aber genauso wenig wie Hundetrainer in allen Fragen über Hunde auskennen. Ein Tierarzt muss enorm viel wissen. Egal mit welchem Tier Sie zu ihm kommen, immer soll er Ihnen eine kompetente Antwort und Ihrem Liebling eine gute und natürlich billige Behandlung angedeihen lassen. Von der Tanzmaus über den Wellensittich, die Katze, den Hund bis zum Pferd, das ist vielleicht ein bisschen viel verlangt, finden Sie nicht? Ich kann gar nicht erwarten, dass er wirklich in allen diesen Bereichen perfekt ist. Trotzdem meint man manchmal, dass sie die reinsten Götter in allen, aber auch allen Fragen rund um den Hund sind, eben auch in Ernährung. Der Satz: „Mein Tierarzt sagt aber ..." lässt mich immer aufseufzen. Viele Menschen meinen, dass er nie und niemals irren kann, weil er es ja studiert hat. Vielleicht bekommt er auch noch hin und wieder eine göttliche Eingebung? Scherz beiseite. Die Macht, die Tierärzte in allen und vor allem in der Frage der Ernährung haben, ist nicht sehr segensreich. Viel zu oft werden die Hunde dadurch zu Dauerpatienten. Ist das in Ihrem und im Sinne Ihres Hundes? Ich denke doch eher nicht.

Für Menschen gibt es nicht nur Allgemeinärzte, die sich einer langjährigen und aufwendigen Ausbildung unterziehen müssen, es gibt schon fast für jedes Organ und jeden Körperteil einen Spezialisten. Und bei Tieren? Nicht nur, dass Sie von Ihrem Tierarzt erwarten, dass er Ihr Frettchen, die Zierfische, die Katze, den Hund und den Papagei optimal versorgt, nein er soll für alle auch noch ein Ernährungsspezialist sein. Sie selber würden sich sehr wundern, wenn Ihr Augenarzt oder Orthopäde plötzlich anfangen würde, Sie in Ernährungsfragen zu beraten. Auch dafür gibt es beim Menschen Spezialisten.

Dazu kommt leider noch, dass die Futtermittelindustrie die Tierärzte als wunderbare Partner entdeckt hat. Und Sie dürfen mir glauben, auch Hundetrainer werden oft und gerne mit interessanten Werbeangeboten gelockt. Der Umsatz durch Hundefutter ist weder in der Hundeschule noch in der Tierarztpraxis zu vernachlässigen. Da braucht man schon starke Nerven und eine feste Überzeugung, um gerade am Anfang der Selbständigkeit nicht zu jedem Strohhalm zu greifen, der einem das Überleben sichert.

Ein Tierarzt kann, aber muss nicht, ein hervorragender Ernährungsspezialist sein. In den allermeisten Fällen weiß er nur das, was er an der Uni gelernt hat und auf Schulungen, die oft von Futtermittelherstellern veranstaltet werden, hört. Es gibt viele Tierärzte, die zwar anderer Meinung sind als ich, aber trotzdem akzeptieren, dass jeder Mensch für seinen Hund entscheiden kann, wie er gefüttert werden soll, ohne dass gleich jede Seuche der Welt über den Hund hereinbrechen wird. Wenn ein Tierarzt allerdings beim Wort „Rohfütterung" sofort den Teufel an die Wand malt, dann sollten Sie doch besser überlegen, ob Sie nicht wechseln.

Allerdings würde ich Ihnen schon empfehlen, Ihrem Tierarzt klar zu machen, was aus Ihrer Sicht die beste Ernährung für Ihren Vierbeiner ist. Denn Sie brauchen jemanden, der Ihren Hund medizinisch betreut. Fragen Sie ihn z.B., ob er für sinnvoll erachtet, wenn sich ein Mensch ausschließlich von getrockneten und konservierten Lebensmitteln ernähren würde. Fragen Sie ihn, wie er erklärt, dass etwas Bearbeitetes besser und gesünder sein soll, als frische Nahrung. Jeder Humanmediziner schlägt die Hände über dem Kopf zusammen, wenn Sie ihm sagen, dass Sie ausschließlich Dosennahrung und Chips essen. Oder haben Sie schon mal gehört, dass Industrienahrung für Menschen besser sein soll als frische Lebensmittel? Sehen Sie, dass gibt es denn doch nicht.

Noch ein Argument möchte ich hier aufführen für einen freundlichen Umgang mit Tierärzten, die doch oft pauschal abgeurteilt werden. Tiermedizin ist ein langwieriges und aufwendiges Studium. Dass ein Tierarzt so nebenbei reich wird wie manch ein Spezialist der Humanmedizin ist eher unwahrscheinlich. Es ist ein Knochenjob und es besteht immer die Gefahr, ernsthaft verletzt zu werden oder sich zu infizieren. Seien Sie deshalb nicht zu „geizig", was Ihren Tierarzt betrifft. Wenn Sie ihn eine halbe Stunde mit Beschlag belegt haben und er Sie beraten und Ihnen sein Wissen zur Verfügung gestellt hat, ist es ungerecht zu erwarten, dass er das kostenlos tun soll. Er muss auch leben, so wie Sie und ich. Das kann er aber nicht, wenn er nur für verkaufte Ware was bekommt, die wir dann ablehnen, und für Beratungen nichts, weil „er hat ja nichts gemacht". Seien Sie dankbar und kooperativ, wenn er nicht jedes Mal Ihren Hund – oder Ihre Katze – mit Antibiotika vollpumpt oder Ihnen das neueste und tollste und beste Futter aufs Auge drückt. Zahlen Sie für das, was Sie von ihm bekommen haben: seine Zeit und sein Wissen. Ihr Hund dankt es Ihnen.

Handfütterung zum Bindungsaufbau

Durch die Trainerwelt geistern immer wieder neue und natürlich geniale Methoden, die unter Garantie und todsicher alle bisherigen Probleme lösen. Zeitweise zählte dazu die Handfütterung, deren unvergleichlicher Vorteil ist, dass es ganz egal ist, was Sie füttern, Hauptsache Ihr Hund verdient sich sein Futter und bekommt es als Belohnung ausschließlich aus Ihrer Hand. Man kann jetzt unterschiedlicher Meinung sein, ob ein Hund sich wirklich jeden Happen verdienen muss. Immerhin habe ich ihm, als ihn zu mir holte, versprochen ihn anständig sein Leben lang zu versorgen. Er schenkt mir dafür seine Liebe und Treue und eigentlich auch sein ganzes Leben. Ist das nicht genug?

Aber selbst wer dieses Argument nicht anerkennt, sollte sich folgendes überlegen.

Hunde sind Raubtiere, deren Organismus darauf ausgerichtet ist, einmal am Tag eine ordentliche Mahlzeit zu verdauen. Nur wenn es nicht anders geht, begnügen sich wild lebende Caniden mit mehreren kleinen Mahlzeiten. Ein Wolf oder Kojote erlegt mit anderen ein größeres Tier, das dann gemeinsam unter Umständen über mehrere Tage hin verzehrt wird. Jetzt sind unsere Hunde weder Wölfe noch Kojoten, aber ihr Verdauungstrakt ist der gleiche. Ein Canide sollte sich nach Möglichkeit einmal täglich satt essen können und es wäre nicht mal so schlimm, wenn er nur alle 2-3 Tage eine richtige Mahlzeit bekommt. So wenig wie wir uns an der vermutlich nicht so durchgängig guten Nahrungsversorgung unserer Vorfahren orientieren, sollten wir an das Leben von Wildcaniden halten. Und wie ein Vegetarier so vor sich hin fressen, das ist für seine Verdauung gar nicht gut.

Es gibt mittlerweile schon Tierärzte, die vor dieser Art von Fütterung dringend warnen. Aber davon abgesehen stellen Sie sich doch einfach vor, wie es Ihnen gehen würde, wenn Sie ein gutes Essen am Tisch stehen haben, nehmen ein, zwei Bissen und dann wird Ihnen alles wieder weggezogen. Und das jeden Tag und mehrfach, so dass Sie zwar theoretisch Ihren Kalorienbedarf decken, aber nicht wirklich satt und zufrieden sind. Hunde werden – leicht nachvollziehbar – dadurch äußerst gierig und anstatt beim Fressen ruhig und zufrieden zu werden, fangen sie in erhöhtem Maß an, ihren Futterbeutel und den Menschen, der ihn in der Tasche hat, zu verteidigen.

Jetzt wird Handfütterung aber zum Teil eingesetzt, um dem Hund zu demonstrieren, dass der Mensch über alle Ressourcen verfügt und der Hund nur dann etwas bekommt, wenn er Wohlverhalten zeigt. Ich frage mich nur, wie ein Hund das tatsächlich verstehen soll. Ihm wird ständig vorenthalten, was ihm sein Mensch eigentlich bei der Anschaffung versprochen hat, nämlich geregelte Mahlzeiten. Er hat diese „Mahlzeiten" nur unterwegs dabei, also auch bei Begegnungen mit anderen Hunden, und er soll das gut finden, dass sich z.B. diese anderen Hunde dem Objekt seiner Begierde, nämlich Mensch mit Futterdummy nähern.

Folgendes Beispiel mit Futteraggression hatte ich in meiner Hundeschule: Schäferhundmix will Yorkie killen, da Frauchen auf Anraten einer Hundetrainerin zur Handfütterung übergegangen ist, der Mischling ständig Hunger hatte und der Yorkie einfach zu nahe kam. Der Witz ist: die beiden sind Nachbarn und finden sich am Zaun eigentlich recht nett. Der Mischling war die ganze Zeit während der Handfütterung ungehalten und unfreundlich, nach dem Vorfall stellte sein Frauchen wieder um auf normale Fütterung. Der Hund wurde wieder ausgeglichen und wollte auch den Nachbarshund nicht mehr fressen. Das eigentlich Schlimme an dieser Geschichte ist, dass die „Kollegin" den Rüden nicht gesehen hatte und auch nicht wusste, dass er vom Tierschutz als Fundhund halb verhungert aufgegriffen wurde. So einen Hund zum Bindungsaufbau hungern zu lassen ist einfach Tierquälerei.

Es gibt also mehrere Gründe, diese Art der Fütterung zu unterlassen: sie ist nicht gesund und sie erzeugt Verhaltensprobleme. Ein dritter Grund ist: Wer solche Mittel nötig hat, um eine gute Bindung zu seinem Hund aufzubauen, sollte ernsthaft drüber nachdenken, ob er zur Haltung eines lebenden Wesens geeignet ist. Ein vierter Grund für mich ist: wer bei mir zum

Essen eingeladen ist, muss dafür nicht singen. Ich lade ihn ein, weil ich ihn mag, nicht um meine Macht über ihn demonstrieren zu können.

Entgiftungserscheinungen bei der Umstellung

Ob ein Hund Entgiftungserscheinungen zeigt oder nicht, weiß man vorher nicht. Mittlerweile hat es sich herumgesprochen, dass das möglich sein kann und nicht immer nett ist. Man möchte, dass es dem Hund besser geht und der kackt sich die ersten Wochen fast zu Tode oder hat Probleme mit der Haut oder was auch immer. Dabei fühlen sich die Hunde nicht immer wohl und sind oft auch nicht gut drauf. Aber das geht vorüber.

In der Regel geht die Entgiftung einher mit einem deutlich verbesserten Appetit und hat normalerweise auch keinen negativen Einfluss auf das Verhalten, also der Hund wird nicht unfreundlich oder nervig. Sinnvoll ist es auf alle Fälle einen guten Tierarzt oder eine gute Tierheilpraktikerin zur Seite zu haben, damit man die nötigen Maßnahmen ergreifen kann, um den Hund in dieser Phase z.B. homöopathisch zu unterstützen.

Wichtig ist bei einem Hund, der sehr stark entgiftet, dass Sie ihn in dieser Zeit weder körperlich noch geistig zu stark beanspruchen. Jetzt gilt das Gleiche wie bei einem Hund, der unter extremer Fehlernährung leidet: der Körper ist stark beansprucht und der Hund ist u.U. nicht wirklich gut belastbar. Wenn man die Dinge mit ihm macht, die er kennt und mag, ist das in Ordnung, aber man sollte in dieser Zeit davon Abstand nehmen, irgendwelche neuen Sachen anzufangen, die ihn geistig und körperlich stark fordern.

Wen und was braucht ein Hund, wenn seine Probleme ernährungsbedingt sind?

Als erstes braucht Ihr Hund eine Trainerin, die den Hund als Gesamtheit sieht und Schwierigkeiten in der Ausbildung und im Verhalten nicht abtut mit Gemeinplätzen. Dazu benötigt man eine gute Ausbildung, die einen in der Trainerarbeit befähigt, verschiedene Aspekte zu berücksichtigen: Gesundheit, Rasse, Belastbarkeit, die Umweltbedingungen dieses Hundes, und vieles mehr. Allein die Tatsache, dass jemand schon lange als Trainer arbeitet, sagt nichts über seine Qualifikation aus.

Dann braucht er einen Menschen, der mitarbeitet und sich auch mal traut, unkonventionelle Wege zu gehen und sich gegen den Strom zu stellen. Wenn er diesen Menschen nicht hat, kann auch der beste Trainer nichts machen.

Wenn wir jetzt zusätzlich noch einen guten Tierarzt und / oder eine gute Tierheilpraktikerin zur Verfügung haben (kann auch eine Tierärztin / ein Tierheilpraktiker sein ☺), dann kann eigentlich nichts mehr schief gehen.

Wir benötigen noch eine gute Futterquelle. Es ist in jedem Fall immer vorzuziehen, wenn Sie das Fleisch möglichst an der Quelle kaufen können, auch wenn es für Sie etwas mühsamer ist, alles zu portionieren. Idealerweise haben Sie die benötigten Zutaten frisch zur Verfügung.

Wenn wir das alles haben, dann steht Ihrem Hund nichts mehr im Weg in eine Zukunft als Feinschmecker ☺.

Nicht ganz ernst gemeint: Argumente „pro“ Trockenfutter

Wer seinen Hund auf Rohfütterung umstellt, braucht manchmal einen breiten Rücken, denn jeder der schon mal im Supermarkt eine Hundefutterdose gesehen hat, ist Spezialist in Fragen Ernährung. Sie glauben das nicht? Sie werden es erleben. Dabei bekommt man die skurrilsten Argumente zu hören. Um sich nicht verrückt zu machen, gibt es verschiedene Möglichkeiten. Die eine ist: du hast recht und ich meine Ruhe, also den anderen reden lassen und einfach machen, was man meint. Dann könnte sich man auch ernsthaft damit befassen und versuchen, dagegen zu argumentieren. Davon rate ich Ihnen ernsthaft ab, denn wenn Sie nicht wirklich fit sind, sind Sie selber ganz schnell verunsichert. Was Sie dagegen sehr wohl machen können: Sie ziehen diesen ganzen Unfug einfach ins Lächerliche.

Hier finden Sie ein paar besonders lustige und sehr häufig gebrachte Argumente, warum man Trockenfutter füttern sollte. Viel Spaß beim Lesen!

„Ich bezahle doch nicht auch noch das Wasser im Futter“

Eines der interessantesten Argumente „pro“ Trockenfutter, die ich jemals gehört habe. Und es gibt Leute, die das auch noch logisch und nachvollziehbar finden. Sie vergessen nur eins: außer vielleicht in Wüstengegenden ist es völlig normal, dass alle Lebewesen zu mindestens 70 % aus Wasser bestehen. Scherz beiseite: Es gibt kein Lebensmittel, egal ob Fleisch, Fisch, Getreide, Gemüse, das nur 6-10% Feuchtigkeit enthält.

Wenn man also trockenes Futter herstellen möchte, muss man das Wasser entziehen. Wer nimmt jetzt an, dass man die Sachen einfach auf dem Dachboden legt, bis sie genügend durchgetrocknet sind? Vermutlich keiner. Alle Bestandteile, die mehr Feuchtigkeit enthalten, werden also aufwendig bearbeitet, um das Wasser zu entziehen. Und hinterher müssen Sie darauf achten, dass Ihr Hund genügend trinkt, sonst bekommt er Probleme mit den Nieren, der Verdauung und dem Stoffwechsel. Wasser ist – große Überraschung einer der wichtigsten Bestandteile in der Nahrung, mit der Feuchtigkeit in der Nahrung decken Hunde zum Teil ihren Eigenbedarf an Feuchtigkeit.

Man spart also nicht, indem keine Kosten für das enthaltene Wasser entstehen, sondern man zahlt teures Geld dafür, das enthaltene Wasser zu entfernen, danach bezahlt man das Wasser, das der Hund trinkt, und wem das noch nicht genug ist, der zahlt den Tierarzt für eine teure Behandlung. Genug gespart?

„Mein Hund bekommt doch nichts besseres als ich"

Also ich esse keinen Pansen und wer den gerne haben möchte, kann sich ja Pansen am Stück kaufen und selber zubereiten. Soll eine Delikatesse sein. Abgesehen davon sehe ich kein Problem – und schon gar kein qualitatives oder finanzielles, wenn mein Hund Schlachtabfälle bekommt. Und wenn ich tatsächlich meinen Hund besser ernähre als mich selber, dann sollte ich vielleicht mal drüber nachdenken, ob ich mir nicht doch ein bisschen mehr wert bin als die Pizza aus der Tiefkühltruhe.

„Rohfleisch macht Hunde aggressiv"

Ein nicht auszurottendes Argument, bei dem der jeweilige Verbreiter vermutlich ein begeisterter Fan von Horrorfilmen ist, vorzugsweise mit Werwölfen und Vampiren. Haben Sie schon mal gehört, dass Menschen besonders aggressiv werden, wenn sie gerne blutige Steaks oder Hackepeter essen? Es wäre sicher verwegen zu behaupten, dass die Rohfleischfütterung Hunde sanfter und weniger aggressiv macht. Aber Sie können überzeugt sein, dass roh gefütterte Hunde zufriedener und gesünder sind. Zufriedener, weil das Essen besser schmeckt und z.B. Knochenfressen Spaß macht, gesünder, weil das Immunsystem und die Verdauung besser funktionieren und der Hund weniger körperliche Beschwerden hat. Warum also sollte er aggressiv werden durch rohes Fleisch? Dass man dieses Argument in der letzten Zeit besonders häufig hört, ist nur ein Zeichen dafür, dass das Rohfüttern so „normal" geworden ist, dass sich die Futtermittelindustrie aller „guten, alten" Argumente erinnert, um dagegen steuern zu können.

In „Der Hund" war in der Ausgabe 06/09 ein interessanter Artikel über Rohfleischfütterung von Raphaela Oswald. Wörtlich schrieb die Autorin zu diesem Argument: „Einen Vorwurf kann ich jedoch bis heute nicht entkräften. Seit ich barfe, stelle ich deutlich gesteigerte aggressive Tendenzen fest.

Allerdings nicht bei meinen Vierbeinern, sondern bei mir. Vom ersten Tag an, an dem es öffentlich wurde, dass in meinem Hundenapf kein Trockenfutter mehr liegt, musste ich mich nach allen Seiten hin rechtfertigen. Jeder, der einmal in seinem Leben eine Hundefutterdose gesehen hatte, mutierte zum Ernährungsexperten und wollte mich bekehren." ☺ Dem ist nichts hinzuzufügen.

„Wenn der Hund die Salmonellen überlebt, dann infizieren Sie sich damit, weil er sie wieder ausscheidet"

Ich weiß nicht, wo Ihr Hund sein großes Geschäft hinmacht und was Sie dann so im einzelnen damit anfangen. Bei mir läuft das so: entweder meine Hunde kacken beim Spaziergang, dann schau ich mir das kurz an und gehe – ohne das irgendwie berührt zu haben – weiter. Oder ich nehme eine Plastiktüte, hebe es auf und trage es in eine Tonne. Und es ist nicht verboten, sich danach die Hände zu waschen. Auch pflege ich nicht meine Hunde auf den Popo zu küssen. Mag sein, dass manch einer das lustig fände, aber bei uns zu Hause ist es nicht üblich. Wir halten unsere Hunde sauber, sie leben mit uns zusammen, sind viel an der frischen Luft, wir ernähren sie gut und lasten sie genügend aus. Dadurch sind sie gesund und laufen nicht als permanente Bazillenschleudern durch die Lande.

Sie sind deutlich gefährdeter, wenn Sie Fleisch aus Massentierhaltung kaufen, da z.B. mindestens 30 % aller Schweinemastbetriebe mit Salmonellen infiziert sind. Ebenso ist das bei Geflügel und Eiern. Aber äußerst selten wühlt man in der Hinterlassenschaft seines Hundes herum, um anschließend ein Butterbrot zu verzehren. Und wenn Sie das tun und bis heute überlebt haben, dann kann es wohl doch nicht so gefährlich sein.

„Vom rohen Fleisch bekommen die Hunde Würmer"

Essen Sie gerne Hackepeter oder Tatar? Und wie oft entwurmen Sie sich? Nie? Und leben immer noch? Doch eigentlich erstaunlich, oder?

Es ist eine Tatsache, dass roh gefütterte Hunde weniger Probleme mit Parasiten haben. Ihre Magensäure ist wesentlich stärker und räumt mit den Parasiten oft im Magen schon auf, aber auch das Darmmilieu ist stabiler und für viele Parasiten unergiebig, so dass sie erst gar nicht gedeihen.

Giardien benötigen z.B. eine kohlehydratreiche Umgebung. Roh gefütterte Hunde sind also allein schon dadurch besser geschützt, weil sie sehr wenig Kohlenhydrate bekommen.

Selbstverständlich hat auch ein gebarfter Hund mal Würmer. Aber was hindert Sie daran, ihn regelmäßig, mindestens aber vor jeder Impfung auf Würmer untersuchen zu lassen? Und wenn er welche hat, dann entwurmen Sie ihn eben. Nicht anders, wie es Menschen mit ihren Hunden tun, die Fertigfutter bekommen. Der Umkehrschluss, der ja eigentlich dann stimmen müsste, wenn die oben stehende Aussage richtig wäre, kann übrigens gar nicht sein, da so gut wie alle Tierärzte so gut wie allen Hundebesitzern ständig Wurmkuren für ihre Hunde aufs Auge drücken. Auch denen, denen sie das tolle, großartige, allerbeste und gesündeste Fertigfutter selber verkaufen.

„Das ist doch nur so eine Modeerscheinung, dieses Barfen"

Vielleicht ist das so, aber „Mode" heißt doch nicht, dass es grundsätzlich falsch ist? Aber wenn man es genau nimmt, sollte man doch viel eher – und dann auch im negativen Sinn – das Fertigfutter als „Modeerscheinung" bezeichnen. Überlegen Sie mal: wie lange gibt es auf der Welt Hunde? Von was haben die bis vor wenigen Jahren hauptsächlich gelebt? Und wie lange gibt es die „Mode", an Hunde Industrienahrung zu verfüttern? Wenn jetzt die neue Mode bewirkt, dass wir uns wieder gesünderer Nahrung für unsere Hunde zuwenden, dann kann das doch nur gut sein.

Vom Trockenfutter können die Probleme nicht kommen, das kriegt er doch schon seit Jahren und hat es immer gut vertragen.

Soso, sehr interessant. Stellen Sie sich vor, ein starker Raucher bekommt die Diagnose Lungenkrebs und den Hinweis, er möge doch bitte aufhören zu rauchen. Seine Antwort ist aber: Das kann gar nicht vom Rauchen kommen, ich rauche doch schon seit 20 Jahren und es hat mir nie geschadet.

Sie lachen? Aber genau so argumentieren viele Menschen, wenn sie von den gesundheitlichen Folgen der Industriefütterung hören. Die Tatsache, dass Ihr Hund nicht sofort in sich zusammenbricht, sowie er mit Industriefutter in Berührung kommt, heißt doch nicht automatisch, dass es uneingeschränkt gut für ihn ist. Auch Rauchen macht nicht sofort krank, ebenso wenig wie ab und zu eine Mahlzeit aus der Dose oder dem Futtersack. Aber viel Rauchen, bzw. ausschließliche Industriefütterung machen unweigerlich krank, egal ob es der Futter- und Tabakindustrie passt oder nicht.

Mit Rohfütterung fördert man den Jagdtrieb

Das mag schon sein, wenn Sie Ihren Hund zu den entsprechenden Fütterungszeiten immer auf den Hühnerhof des Nachbarn schicken. Oder wenn er seine Mahlzeiten so bekommt, dass Sie ihm eine Kaninchenschleppe legen und am Ende der Schleppe darf er das Kaninchen verzehren. Ich kenne allerdings niemanden, der das macht. Jagdtrieb wird gefördert durch mangelnde Auslastung, Beutespiele wie heftiges Ballspielen, schlechte Erziehung, die keine Impulskontrolle übt, Hunger, wenn der Hund zu wenig oder das falsche zu fressen bekommt. Aber dadurch, dass Sie Ihrem Bello grünen Pansen in den Napf geben, wird er bestimmt nicht jagdtriebig. Oder haben Sie schon mal Pansen durch den Wald laufen sehen?

... und so gibt es noch viele, viele Argumente, die uns um die Ohren gehauen werden, wenn wir unsere Hunde so ernähren, dass es ihnen schmeckt, sie gesünder sind und so ganz nebenbei auch noch lieber und besser mit uns zusammenarbeiten. Hören Sie einfach weg. In Bayern gibt es ein Sprichwort: Du hast Recht und ich meine Ruhe. Mehr gibt es dazu nicht zu sagen.

Die gute Nachricht

Wenn die Ernährung nicht stimmt, wird der Hund krank und ist schlechter belastbar. Das haben wir jetzt an vielen Beispielen gesehen. Er wird im schlimmsten Fall unerziehbar, im günstigsten Fall hat er „nur" einige Marotten, die wir nicht angenehm finden, mit denen wir aber einfach leben, denn unser Bauch tut ja nicht weh.

Dass diese Hunde Stress nicht so leicht wegstecken, ist auch nachvollziehbar, aber heißt das, dass Hunde, die roh gefüttert werden keinen Stress haben und ohne Ende belastbar sind, immer cool und gelassen bleiben und alle Fährnisse des Lebens locker durchstehen? Das wäre wunderbar, aber so einfach geht es leider nicht. Auch Hunde, die die beste Ernährung bekommen, werden überfordert, sind beim falschen Menschen, holen sich Krankheiten, leiden an Langeweile und haben Stress, mit dem sie nicht klar kommen oder zeigen aus welchen Gründen auch immer unerwünschtes Verhalten wie Aggression gegen Artgenossen, Beuteaggression, extremen Beschützerinstinkt, um nur einiges zu nennen. Denn den größten Anteil am Verhalten des Hundes hat eben der Mensch, der ihn erzieht, der ihm erwünschtes und unerwünschtes beibringt, ihn über- oder unterfordert, zu streng oder unwissend ist, einfach als Mensch Fehler macht, die sich manchmal eben ziemlich unerfreulich im Alltag auswirken.

Dazu kommt noch, dass wir heute natürliches Hundeverhalten als problematisch empfinden. Leider ist kein Kraut gegen die menschliche Arroganz gewachsen, die alle Lebewesen dieser Welt so formen möchte, dass es für den Menschen am besten ist. Gegen eine derartige Einstellung, die leider nur allzu häufig ist, hilft auch die beste Ernährung nichts.

Aber ein roh gefütterter Hund reagiert anders auf ein Training zum Grundgehorsam oder zur Verhaltenskorrektur. Wenn ein Hund mit Verhaltensproblemen zu mir in die Hundeschule kommt, muss immer auch abgeklärt werden, ob nicht ein medizinisches Problem vorliegt. Das ist vor allem dann wichtig, wenn der Hund schon roh gefüttert wird. Sobald das klar ist und das Training beginnen kann, stellt der erstaunte Hundebesitzer fest, dass sein Hund, wenn er nicht durch rohen und brutalen Umgang misstrauisch ist, von Anfang an freudig und begeistert mitarbeitet. Und nicht nur das. Er ist wesentlich besser bei der Sache, weil er ja nicht durch seinen armen, vergifteten Körper abgelenkt wird. Auch fehlernährte Hunde reagieren gut auf ein vernünftiges Training, es wäre schlimm, wenn es anders wäre. Aber die ständige Störung durch den Körper erschwert das Training erheblich.

In letzter Zeit kommen immer mehr Hunde zur Verhaltenskorrektur, die bereits roh ernährt werden. Viele dieser Hunde machen mit ihren Besitzern bei uns Urlaub mit Training. Dadurch ist mein Kontakt zu ihnen sehr viel näher, als bei Kunden, die einmal täglich von woanders angefahren kommen. Wir plaudern am Zaun, ich gehe mal auf ein Pläuschchen in die Ferienwohnung oder in den Gästegarten. Dabei lässt sich ja nicht vermeiden, dass Bello auch mal geknuddelt werden möchte, mir seinen neuen Zerrstrick zeigt oder einfach nur dabei sitzt. So lerne ich die Hunde sehr viel besser kennen und erlebe sie auch im alltäglichen Umgang mit ihren Menschen, nicht nur in der Trainingssituation. Die roh gefütterten Hunde unterscheiden sich von den anderen vor allem dadurch, dass ihre Muskeln weicher und sie wesentlich entspannter sind. Nach allem, was Sie bis jetzt gelesen haben, wird Sie das nicht mehr wundern.

Es ist also eindeutig eine Hilfe, wenn ein Hund zur Unterstützung einer Verhaltenstherapie oder zur Erziehung zum Grundgehorsam umgestellt wird auf Rohfleischfütterung. Es gibt viele Hundetrainer, die das leugnen. Lassen Sie sich davon nicht irr machen. Ein Hund ist, was er frisst. So banal diese Aussage ist, sie wird dadurch nicht weniger wahr. Ob ich einfach etwas vom Imbissstand in mich hineinstopfe, damit ich nicht verhungere – zumindest nicht sofort – oder ob ich genüsslich ein aus guten und frischen Zutaten gekochtes Essen verspeise, ist nicht nur eine Frage der Kultur und Lebensart, es ist auch eine Frage des guten Lebens im Sinne von Gesundheit, Stressreduktion, Vorbeugung und eine Frage der Lebensqualität. Das gilt nicht nur für Menschen, sondern auch für Hunde.

Fazit

Wir tun unseren Hunden viel an: wir stellen von Anfang Forderungen an sie, denen sie oft nicht gewachsen sind. Überlegen Sie nur, wie viele Hundebabies mit 12, 14 Wochen stundenlang allein gelassen werden, wie viele Hunde gekauft werden, damit Herrchen Weltmeister im Agility oder Frauchen beim Dog Dancing wird.

In meiner Hundetrainerausbildung hat Clarissa von Reinhardt im ersten Block gefragt, wer von uns der Meinung sei, dass wir unseren Hund artgerecht halten. Logisch, dachte ich mir, ich tue doch alles für ihn. Die darauf folgende Diskussion hat mich sehr nachdenklich gemacht und seitdem denke ich oft an diese Stunde.

Viele Dinge können wir nicht ändern, so wie unsere Welt ist, so ist sie nun mal und wer in ihr mit Hunden leben will, hat es nicht immer leicht. Die Hunde auch nicht. Aber wenigstens ihr Futter können wir ihnen so zubereiten, dass es für ihre Gesundheit und ihr Wohlbefinden förderlich ist, dass es gut schmeckt und nicht nur „eine hohe Akzeptanz" hat, wie es in der Werbung immer so schön heißt.

Wenn Sie Ihren Hund gut ernähren, dann haben Sie einen fröhlichen, gesunden und zufriedenen Hund an Ihrer Seite, der auch besser zu erziehen ist. Wenn das kein Grund ist!

Dank

So ein Buch entsteht nicht von allein. Es ist über viele Jahre gewachsen und hat sich mit meiner zunehmenden Erfahrung immer wieder geändert. Viele Menschen haben mich beeinflusst und von vielen habe ich gelernt und von ihrem Wissen gezehrt. Es ist deshalb keine wirkliche Überraschung, wenn ich sage, dass das, was Sie hier lesen, nicht meiner Genialität entsprungen, sondern das Ergebnis von vielen Jahren Austausch und Erfahrung ist.

Stellvertretend für viele möchte ich Henry Wollentin für sein immenses Wissen danken, das er immer gerne und üppig an alle verteilt, die daran interessiert sind.

Meinem Mann Ernst Wagner-Rott danke ich für mehrfaches Korrekturlesen und seine unermüdliche Geduld bei meinen vielen Ideen und Einfällen.

Birgit Schubert, meiner Freundin und Kollegin aus Berlin, danke ich für die vielseitige Unterstützung, damit dieses Buch überhaupt erscheinen kann.

Und schließlich bedanke ich mich bei allen Vierbeinern, die meinen Weg begleitet haben und hoffentlich noch lange begleiten werden. Sie sind in jeder Hinsicht die besten Lehrmeister, die man finden kann.

☺ ☺ ☺

Zur Autorin

Ute Rott lebt mit ihrem Mann und ihrem Hunden seit 2005 in Metzelthin in der Uckermark. Dort betreibt sie eine Hundeschule und vermietet Ferienwohnungen und Stellpätze für Reisemobile an Menschen mit Hunden. Die Ausbildung zur Hundetrainerin hat sie 2005 bei animal learn in Bernau am Chiemsee erfolgreich abgeschlossen. Sie ist Mitglied im Kollegenkreis Gewaltfreies Hundetraining. Ihre Spezialgebiete sind: gewaltfreies Training zum Grundgehorsam, Verhaltensberatung und Verhaltenstherapie bei auffälligen Hunden, Mantrailing und Ernährung.

Weitere Bücher im PhiloCanis Verlag:

Ute Rott
Herzlich willkommen!
Ein Hund kommt ins Haus
ISBN 978-3-9818-3071-2
eBook:
ISBN 978-3-9818-3072-9

Ute Rott
Mantrailing
Praktische Anleitung
(nicht nur) für Anfänger
ISBN 978-3-9818-3073-6
eBook:
ISBN 978-3-9818-3074-3

Ute Rott
Mensch, mach langsam!
Wenn Hunde an der Leine ziehen,
weil Menschen keine Zeit haben
ISBN 978-3-9818-3075-0
eBook:
ISBN 978-3-9818-3076-7

PhiloCanis Verlag
Metzelthin 22
17268 Templin
mail: ute.rott@yahoo.com
www.forsthaus-metzelthin.de